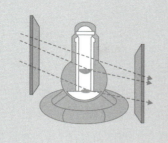

齋藤勝裕 著
Katsuhiro Saito

「原子・素粒子・量子の世界」のことが一冊でまるごとわかる

ベレ出版

・ はじめに ・

●万物は何からできているのか？

「万物は何からできているのか？」。この質問に、あるギリシャの哲人は答えました。「万物は原子からできている」。この問答は、以来2500年以上も繰り返されてきました。

それが19世紀の終わり頃、それまで究極の粒子と考えられていた原子は「原子核と電子」という2種類の粒子からできていることが明らかになりました。

ところが、原子核もまた陽子と中性子という2種類の粒子からできていることが明らかになりました。さらに陽子と中性子もまた、他の2種類の粒子からできていることが明らかになり、究極の粒子の資格を喪失しました。

では、「私たちの身の回りに究極の粒子は存在しないのか？」というとそうではなく、電子が究極の粒子の1種であることがわかりました。あの電流の元になっている電子が究極の粒子、素粒子の1種だったのです。以来、素粒子発見の研究が続き、現在では20種近い素粒子が発見されています。

そして今ではこの複数種類、複数個の素粒子が互いに結合して陽子や中性子や原子核をつくり、その原子が結合して分子をつくり、複数種類、複数個の分子が集合して万物をつくっていることが明らかになっています。

しかし、「素粒子がどのようにして原子をつくり、原子がどのよ

うにして分子をつくるのか」の説明はなかなか明らかになりません
でした。ようやく原子の構造が明らかになってきたのは20世紀の
初頭になってからの話です。この頃に当時の物理学を根底からひっ
くり返した2大理論「相対性理論」と「量子論」が出てきたのです。

●宇宙と極小の世界

　この2大理論の登場のしかたは対照的なものでした。「相対性理
論」はアインシュタインという「たった1人」の天才物理学者が
ほぼ完成した形で学会に提出しました。

　当初、この理論を理解できた科学者は多くなかったと言いますが、
この理論が天体の動きを解明したことから、多くの科学者は背に腹
は代えられなくなって懸命に勉強して今日に至ったと言います。

　それに対して量子論の最初の形は、多くの物理学者が試行錯誤し
た結果生まれた「$mvr = n\dfrac{h}{2\pi}$」などの多くの仮定を含むものでし
た。ところがこのような条件式が、それまで誰も解明できなかった
原子の振る舞いを解き明かすものだったのです。

　以来、多勢の科学者がこの式の意味を明らかにするために努力し、
足りない理論を追加し、実験結果をカバーするように育ててきたの
です。こうして皆に見守られて成長したのが「量子論」と呼ばれる
理論でした。

　「相対性理論」と「量子論」はその研究対象とする世界がまった
く違います。

　「相対性理論」は「宇宙、天体、未来」という壮大で深遠な世界と、
そこを縦横に動き回る光子やロケットという超高速な物体の動きを
対象とします。それに対して「量子論」は、「分子、原子、原子核、

素粒子という超微小な物体の挙動」を相手にします。

しかし「極大と極小は相引き合う」という魅力的な命題はここにも作用したようで、今では両理論は互いに利用し合ってより高度な利用に耐えるように成長を続けています。

●頭に残る量子のはなし

前置きが長くなりましたが、本書は「原子・素粒子・量子の世界」についてわかりやすく、コーヒーでも飲みながら楽しく読めることを目的につくられたものです。

量子論の教科書、解説書はたくさんあります。しかし、大学の生協の書籍売り場に並ぶようなまじめな教科書は、最初から最後まで式の羅列で、数学が苦手な人はアレルギーを起こしそうです。反対にやさしく書かれた解説書はつかみどころがなく、科学の本なのか東洋哲学の本なのか、何やら哲学的な匂いにこれまたアレルギーを起こしそうです。

ということで本書では、理解したことが読者の頭に残るように、とにかく具体的に頭に浮かびそうな事象を中心にして編纂してみました。そのためには目に浮かぶ実態を基にして説明することです。

わかりにくい理論は脳を素通りします。しかし、目に浮かんだ事象は脳にこびりつきます。そのうち脳が慣れて理解を促します。「読書百遍意自ずから通ず」るようなものです。

本書には解説のための図が豊富に入っています。それを眺めているだけで、やがて本質が理解できるようになります。中学、高校など、これまでの勉強で慣れ親しんだ図版とは異なるかもしれません。しかし、よく見れば図の示す内容はご理解いただけるのではないか

と思います。

　以前に量子論の本を読んだことのある方は、○○解釈だとか△△解釈だとか、個人の解釈によってどうとでも取れるような事象に出会ったことがあるかもしれません。しかし、そのような事象でも、何回も解釈が繰り返された結果、「実験事実」を正確に再現できるように「解釈」されています。

　量子論の本質はこの辺にあるのかもしれません。「何回も繰り返して演算する間に「いつか本質に遭遇する」。電子雲の捉え方はまさにそのような考え方ではないでしょうか。

　考えてみれば量子論は、「論というよりは手段」と言ったほうがよいのかもしれません。しかし少なくとも現在のところ、最善の手段であるということに異論を差し挟む人はいないのではないでしょうか。

　本書を読まれた方が「原子・素粒子・量子の世界」に興味をお持ちになり、より高度の参考書、教科書に立ち向かわれることがあったなら、至上の幸せと思っています。

　最後に本書上梓のために多大なご尽力をいただいた坂東一郎氏、入倉敏夫氏、並びに参考にさせたいただいた書籍の著者の方々、並びに出版社の皆様方に深く感謝申し上げます。

齋藤勝裕

CONTENTS

はじめに ……………………………………………………………………………… 3

第1章 素粒子とはどんな物質なのか

1-1 世界のすべてのモノをつくっているモノは何か ……………… 14
―原子から素粒子へ

りょうしの世界の窓 新しい素粒子の発見 ………………………………… 17

1-2 すべての物質は素粒子に行き着く ………………………… 18
―フェルミ粒子

1-3 素粒子を集めているのも素粒子だった …………………… 21
―力を伝えるゲージ粒子

りょうしの世界の窓 世界はデジタルか？ アナログか？ ……………… 26

1-4 世界の成り立ちを説明する「標準理論」以降の発見 … 27
―ニュートリノ振動

1-5 電気的な性質が正反対の「反粒子」の発見 ……………… 35
―対消滅と対生成

1-6 「標準理論」の不備を補う各種の素粒子論 ……………… 39
―大統一理論・超対称性理論・超弦理論

第2章 極小の世界へ 量子論の夜明け

2-1 現代物理学の2大理論の誕生 …………………………… 42
―相対性理論と量子論

りょうしの世界の窓 錬金術と錬金術師 …………………………………… 46

2-2 量子論で言う「量子」とは何だろう ……………………… 47
―量子・量子化・量子数

りょうしの世界の窓 なだらかな変化と劇的な変化 ……………………… 52

2-3 光の正体は粒子なのか？ 波なのか？ ……………………… 53
― 霧箱・光電管の実験

2-4 物質は粒子でもあり波でもある ……………………………… 58
― 物質波

りょうしの世界の窓 ルイ・ド・ブロイ ………………………………… 60

第3章 原子構造を量子論的に見る

3-1 原子構造の解明はどのように進んできたか …………………… 62
― 古代ギリシャから20世紀初頭まで

3-2 方程式で導き出された原子モデル ……………………………… 67
― シュレーディンガー方程式

りょうしの世界の窓 シュレーディンガーの猫 ……………………………… 71

3-3 原子の化学的実態は電子雲にある …………………………… 73
― 電子殻と量子数

3-4 電子の軌道は立体になっている ………………………………… 76
― 量子論の軌道

3-5 電子雲は電子の存在確率の図式化 ……………………………… 80
― ハイゼンベルクの不確定性原理

りょうしの世界の窓 軌道の形 ……………………………………………… 85

3-6 電子配置にはルールがある …………………………………… 86
― パウリとフントの原理

3-7 何が原子の物性と反応性を支配しているのか ………………… 91
― 最外殻電子・価電子の役割

第4章 分子構造を量子論的に見る

4-1 水素原子の軌道と水素分子の軌道 ……………………………… 94
― 波動関数

4-2 簡単に求められる水素分子の結合エネルギー ………………… 99

— 軌道相関図

4 – 3 同じ原子からできている分子の結合エネルギーは？ ……………… 103
— 等核二原子分子

りょうしの世界の窓 水素分子陽イオン ………………………………………… 106

4 – 4 混成軌道は原子軌道の再編成 ……………………………………… 107
— sp³ 混成軌道

4 – 5 「何重結合」と「σ結合・π結合」の関係は？ ……………… 110
— シス - トランス異性体

りょうしの世界の窓 実態と空想 …………………………………………………… 116

第 5 章　素粒子から原子核構造を見る

5 – 1 原子の構造と原子核の構造 ……………………………………… 118
— 原子雲・原子核と陽子・中性子

5 – 2 原子核をどう表現するか ………………………………………… 121
— 原子番号・質量数・同位体

5 – 3 原子核の構造はどこまでわかっているか ……………………… 124
— 原子核物理学の 「魔法数」とは

5 – 4 原子核の陽子と中性子を結びつける結合エネルギー ………… 128
— 放射性同位体

りょうしの世界の窓 放射線の有効利用 ………………………………………… 132

5 – 5 放射線にはどのようなものがあるか …………………………… 133
— α線・γ線・中性子線・陽子線の性質

りょうしの世界の窓 放射線の危険度 …………………………………………… 136

第 6 章　原子核反応と宇宙を生成したエネルギー

6 – 1 原子核はどのように他の原子核に変化していくか ……………… 138
— 原子核反応・原子核崩壊

りょうしの世界の窓 身の回りの原子核反応 …………………………………… 145

6-2 膨大なエネルギーを生む核分裂反応と核融合反応 ⋯⋯⋯⋯ 146
― 原子核分裂・原子核融合

6-3 原子の誕生と成長 宇宙の始まりと恒星の一生 ⋯⋯⋯⋯⋯ 150
― 恒星・中性子星・超新星爆発

りょうしの世界の窓 核融合とヘリウム3（^{3}He）⋯⋯⋯⋯⋯⋯⋯⋯⋯⋯ 155

6-4 原子核反応を利用した原子力発電の原理 ⋯⋯⋯⋯⋯⋯⋯ 156
― 原子炉の構成要素

りょうしの世界の窓 原子爆弾と水素爆弾 ⋯⋯⋯⋯⋯⋯⋯⋯⋯⋯⋯⋯ 160

6-5 太陽を人間の手でつくる「人工核融合」という夢 ⋯⋯⋯ 161
― 核融合炉の開発

りょうしの世界の窓 いろいろな原子炉 ⋯⋯⋯⋯⋯⋯⋯⋯⋯⋯⋯⋯⋯ 164

第7章 宇宙線の地球と人間への影響を見る

7-1 宇宙線は私たちの生活に思いがけない影響を与える ⋯⋯ 166
― 銀河宇宙線と太陽宇宙線

7-2 大気外・大気内の宇宙線を構成する粒子 ⋯⋯⋯⋯⋯⋯⋯ 172
― 一次宇宙線・二次宇宙線

7-3 宇宙線とオーロラはどう関係しているか ⋯⋯⋯⋯⋯⋯⋯ 176
― 太陽風から地球を守る磁気圏

りょうしの世界の窓 プラズマの効用 ⋯⋯⋯⋯⋯⋯⋯⋯⋯⋯⋯⋯⋯⋯ 178

7-4 オーロラの色と形の違いはどこから生じるのか ⋯⋯⋯⋯ 179
― 色はエネルギーの違い

7-5 人体・人間社会におよぼす宇宙線の影響 ⋯⋯⋯⋯⋯⋯⋯ 182
― 電磁波・オゾンホール

第8章 量子論は現実世界でどう活用できるか

8-1 宇宙線の利用による非破壊検査と精密検査 ⋯⋯⋯⋯⋯⋯ 188
― ミュー粒子透過法と散乱法

8-2 ミュー粒子による相対性理論の証明 191
　― 極小は極大に通ず

8-3 現代化学を導いた量子化学の誕生 193
　― 軌道対称性の理論

8-4 量子力学を使った量子コンピュータとは？ 200
　― 量子コンピュータの得意分野

8-5 2019年に明かされたブラックホールの存在 203
　― ブラックホールの種類

8-6 超伝導の発生機構の解明と新たな超伝導体の発見へ 208
　― 臨界温度の向上

参考図書 211
索引 212

第 1 章

素粒子とは どんな物質なのか

1-1 世界のすべてのモノを つくっているモノは何か

―― 原子から素粒子へ

● 原子が世界をつくっている

　古代ギリシャの昔から、いや、きっとそのはるか昔から人間は、世界は何からできているのか？　と問い続けてきました。

　古代ギリシャの原子論者と言われた人たちは、「アトム（原子）」という粒子が集まって世界をつくっていると考えました。

　それから2500年、いろいろな地域で、いろいろな宗教を信じるいろいろな人たちが、いろいろな説を考え出しました。「四元素説」「地水火風」「陰陽五行」など、物理というより、宗教か倫理と言ったほうがいいような説が現れては消えていきました。

● 世界をつくる最終粒子を探す

　そして19世紀の末頃、優れた観測機器と、優れた物理理論を手に入れた人々がたどりついた説は、またしても原子論でした。

　人々は原子こそが世界をつくる最小にして最終の粒子であると信じました。しかし同時にまた、原子は少なくとも電荷の違う2種の粒子からできており、何がしかの構造を持っていることも知っていました。

この原子の構造が明らかになったのは20世紀初頭、それまでの物理理論とは質と精度に雲泥の差のある「量子論」と「相対性理論」が出現してからの話でした。

　というより、**原子構造を明らかにする過程で量子論がつくられ、発展していった**と言うほうがいいのかもしれません。

　しかし、「少なくとも2種の粒子から成り、構造を持つ粒子」が「世界をつくる最終の粒子」であるはずがありません。それでは自己矛盾です。

　少なくともこの2種の粒子のどちらかが最終粒子の可能性があるし、もしかしたらこの2種の粒子も、他のもっと小さな他の粒子からできているのかもしれません。

　では、その粒子とは何でしょう？

　ということで、あらためて最終粒子探求レースの火蓋が切って落とされたのでした。そして、この**究極の微粒子につけられた名前が「素粒子」だった**のです。世界をつくる最終粒子探求の旅は、それまでの「原子探求」から「素粒子探求」に変わったのでした。

● 最終粒子は確定できたか

　人間がしばらくのあいだ最小、最終の粒子と考えていた原子は、その後たくさんの種類があることがわかりました。

　元素として地球上の自然界にあるだけで92種類、元素を構成する何種類かの同位体をそれぞれ別の原子とすれば、原子は2000種類以上もあると考えられています。

　元素の種類にしても、自然界に存在するものだけでなく、その後人間も原子をつくることができるようになって、現在では118種類

図1-1 ● 118種類の元素

が知られています。

　現在、すでに作成されていながら、いろいろな事情によって名前がついていない元素もあるようですから、将来もっと増えることは確実でしょう。

　しかし、究極の最終粒子が118種類以上もあるというのは困ります。もっと少なくならないか、と思っていたところ、「原子は原子核と電子という2種類の粒子からできている」という朗報が舞い込みました。

　「何と118種類からたったの2種類に集約されたのだ」と、喜んだのも束の間、実は原子核は1種類だけではなくたくさんあって、その種類は原子の種類と同じだという知らせです。

　「大変だ。これでは（118種の原子核）＋（電子）で、最終粒子の

種類は119種類になってしまう」と嘆いていたところに、あらためて朗報が入ります。原子核はたった2種類の粒子、つまり陽子と中性子からできているとのこと。

よかった、これで最終粒子はたったの3種類、電子、陽子、中性子だ、とひと息ついたところに「素粒子発見」の知らせ。で、その種類はまた少なくとも17種類、多ければ数十種類……。

最終粒子探求の旅の現状は、このようなところとでも言えばいいでしょうか。

りょうしの世界の窓

新しい素粒子の発見

素粒子が何種類あるかは誰も知りません。そのため、現在も新しい素粒子発見の研究が行なわれています。

しかし新しく発見される素粒子のほとんどは、地球上に安定な形で存在することはありません。高エネルギーの素粒子どうしの衝突によって一瞬だけつくられ、次の瞬間には壊れて消えてしまいます。

素粒子研究のためにこの衝突を起こそうと、以前は宇宙から降ってくる高エネルギーの素粒子である宇宙線が使われました。しかし、宇宙線は利用できる粒子の数が少なくてくわしい研究には向きません。

そこで近年では、電子や陽子を電場や磁場を用いて人工的に高いエネルギーに加速する粒子加速器が用いられています。

その代表がスイス・ジュネーブ郊外、フランスとの国境に設置されているCERN（セルン・欧州原子核研究機構）の大型ハドロン衝突型加速器です。これは円形の加速器でその全周は約26.7km、全周34.5kmの山手線に匹敵する大きさです。

また、宇宙線の中や地表、地中に存在しているかもしれない、安定な素粒子を探す試みも行なわれています。

1-2 すべての物質は素粒子に行き着く

—— フェルミ粒子

素粒子とは、物質を細かくバラしていったときに最終的に行き着く、これ以上分けることのできない、つまり**構造を持たない最小にして最終のツブツブである微粒子**のことです。

その大きさはまだはっきりとは解明されていないのですが、少なくとも $0.0000000000000000001 = 1 \times 10^{-19}$ mm 以下と言われています。これはもう粒とは言えないほど小さいモノです。

● 素粒子には3グループある

しかし、おぼろげにとはいえ、原子構造が見えるようになって100年、素粒子もおぼろげながら見えるようになってきました。

それによると、素粒子には大きく分けて3つのグループがあると言います。それは、

・物質をつくる素粒子：フェルミ粒子
・力を伝える素粒子：ゲージ粒子
・質量を与える素粒子：ヒッグス粒子

の3種類の特徴を持つグループです。

それぞれのグループを図1-2-1にまとめました。

18

図 1-2-1 ● 素粒子の標準理論（1-4節参照）

フェルミオン（物質粒子）			ボソン（相互作用粒子）	
フェルミ粒子			ゲージ粒子	ヒッグス粒子

クォーク

u アップ	c チャーム	t トップ
d ダウン	s ストレンジ	b ボトム

レプトン

e 電子	μ ミュー粒子	τ タウ粒子
ν_e 電子ニュートリノ	ν_μ ミューニュートリノ	ν_τ タウニュートリノ

ゲージ粒子

γ フォトン（光子）
g グルーオン
$W^\pm$ W ボソン
Z^0 Z ボソン

ヒッグス粒子

H ヒッグス粒子

● 物質をつくる「フェルミ粒子」

物質をつくる素粒子は何種類かありますが、まとめて「**フェルミ粒子**」と呼ばれます。

フェルミ粒子はまた、「**クォーク**」というグループと「**レプトン**」というグループに分かれます。

そしてクォークとレプトンには、それぞれ 6 種類ずつの素粒子があります。したがってフェルミ粒子は全部で12種類あることになります。

各種素粒子の集合体である原子を例にとって具体的に見てみると、原子は原子核とその周りにある電子（雲）からできています。この電子がレプトン族の素粒子です。

そして原子核は、陽子と中性子という 2 種の粒子でできていま

図1-2-2 ● 物質は何からできているか

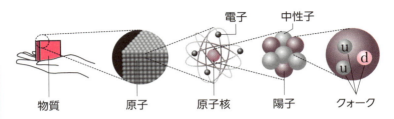

（出所：文部科学省『量子ってなあに？』より作成）

			素粒子の組成
原子	電子		レプトン族（単体）
	原子核	陽子	クォーク族（アップクォーク2＋ダウンクォーク1の構造体）
		中性子	クォーク族（アップクォーク1＋ダウンクォーク2の構造体）

すが、この陽子と中性子はクォーク族の3つの素粒子でできています。つまり「陽子は2個のアップクォークと1個のダウンクォーク」、「中性子は1個のアップクォークと2個のダウンクォーク」からできています。

したがって、高校化学で習う、原子をつくっている3種類の粒子、電子、陽子、中性子のうち、**素粒子と呼ぶことができるのは電子だけ**なのです。

陽子と中性子はそれぞれ、少なくとも「2種類3個の素粒子」からできた構造体なのです。

素粒子を集めているのも素粒子だった
——力を伝えるゲージ粒子

　最終粒子探求の旅の目標は、「世界をつくっている最小・最終の粒子」を求めることでした。それならば、物質をつくる素粒子であるフェルミ粒子を発見したところで終わりになるはずです。
　ところが旅を始めてみると、素粒子がつくっているモノは「物質」だけではないことがわかってきました。

粒子をつくる素粒子の力

　素粒子が集まって陽子や中性子のような粒子をつくるためには、互いを寄せ集める「力」が必要であり、その力をつくっていたのもまた素粒子だったのです。
　これは相対性理論で有名なアインシュタインの式、

　　$E=mc^2$

　　（E：エネルギー〈力〉、m：質量〈物質〉、c：光速）

を見れば納得がいくでしょう。**相対性理論によれば、物質と力は互換性がある、最終的には同じモノ**ということです。
　つまり、素粒子はこの世のあらゆる「力」をも伝えているのです。

力を伝える素粒子のグループを、「ゲージ粒子」と呼びます。

この世界にはいろいろな種類の力があるように思えますが、実はたったの「4種類」しかないのです。その4種類の力とは、①「電磁気力」、②「強い力」、③「弱い力」、④「重力」の4つです。

①電磁気力を伝える素粒子「フォトン（光子）」

電磁気力とは、電気力と磁力の総称です。

電気の力というのは、プラスとマイナスは引き合い、プラスとプラス、マイナスとマイナスは反発し合うという力です。

磁力とは、磁石の南北が引き合い、南と南、北と北は反発するという力です。これらの力を伝えるのが「フォトン」という素粒子なのです。ちなみに日本語では、光子のこともフォトンと言います。目に見えているような光はフォトンによって伝えられています。もしフォトンがなければ、この世は真っ暗闇ということになります。

②強い力を伝える素粒子「グルーオン」

「強い力」の意味は、上の電磁気力と比べて力が大きいということです。具体的には、原子核の中の中性子と陽子をくっつける力のことです。この力を伝えるのが「グルーオン」という素粒子なのです。

③弱い力を伝える素粒子「Wボソン、Zボソン」

「弱い力」というのも、電磁気力と比べて力が小さいことから名づけられました。具体的には、放射性物質がβ崩壊をした際に出てくる力のことを言います。

この弱い力を伝えるのが「Wボソン」や「Zボソン」という素粒

子で、まとめて「**ウィークボソン**」と言います。ウィークボソンは中性子が陽子に変換されるときに放出されます。

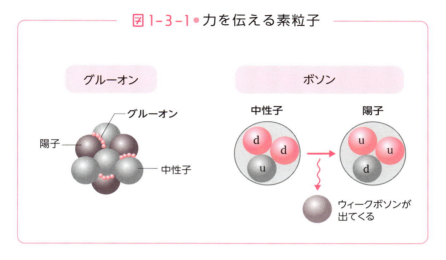

図1-3-1●力を伝える素粒子

④重力を伝える素粒子「グラビトン」

私たちは地球の中心に引っ張られています。これは地球の重力によるもので、この力を伝えるのが「**グラビトン**」という素粒子です。

ただし、グラビトンはまだ発見されていません。理論的に予言されているだけです。世界中に指名手配されて世界中の科学者が探しているので、そのうち見つかることでしょう。

● 質量を与える素粒子「ヒッグス粒子」

質量とは、あるモノの持っている量のことです。日常的には重さ、重量などと言ったりもします。しかし、質量と重量は違います。

a 質量と重量

質量とはその物質が持っている「固有の量」のことで、周りが

変わっても質量が変わることはありません。「質量100g」の物質は、日本にあろうとも月にあろうとも、同じ「質量100g」です。

一方、日本で「重量100g」の物質は、月では「重量約16.7g」になります。それは、<u>重量は2つの物質のあいだに働く引力によるもの</u>で、地球の引力と月の引力は異なるからです。

もちろん、日本とアメリカのあいだでも重量は異なります。ですから科学的な話では重量は用いず、質量で話をします。

b ヒッグス粒子と質量

1Lのペットボトルの水は1000gという質量、1円玉は1gという質量を持っています。そしてこれらの物質は、**フェルミ粒子**という素粒子でできています。ただし、フェルミ粒子とウィークボソン以外の素粒子は、自分自身の質量を持っていません。つまり、重さのない幽霊のような存在なのです。

しかし、私たちの身の回りに質量のない「物質」は、今わかっている素粒子を除いて他にありません。これを矛盾なく説明するにはどうしたらよいのでしょうか？

そこで考えられたのが、<u>あらゆる素粒子に質量を与える素粒子があればいいのではないか</u>、ということです。このようにして考え出されたのが「**ヒッグス粒子**」という素粒子です。

ヒッグス粒子の存在が予言され

●ピーター・ヒッグス（1929〜2024）：素粒子の「質量の起源」を説明するヒッグス粒子の発見で2013年にノーベル物理学賞を受賞した。

（出所：Bengt Nyman）

たのは1964年のことでした。以来、探しまわること半世紀、ようやく発見されたのは2012年のことでした。待ってましたとばかりに、2013年に予言者であるイギリスの理論物理学者**ピーター・ヒッグス**博士と同僚にノーベル賞が与えられました。

c ヒッグス粒子の働き

それでは、ヒッグス粒子は他の物質にどうやって質量を与えるのでしょうか？ 実はヒッグス粒子は何をするわけでもありません。じっと存在しているだけなのです。言葉で説明してもわかりにくいだけなので、例で考えてみましょう。

人ごみの中を手ぶらでまっすぐ進もうとする場面を想像してみてください。次に、大きい荷物を持って、同じように人ごみの中を進もうとするところを想像してみてください。

当然、荷物を持っているほうが進みづらいはずです。

質量の大きさとは、この「進みづらさの度合い」にあたると喩えられます。

図1-3-2 ● 質量を与える素粒子・ヒッグス粒子

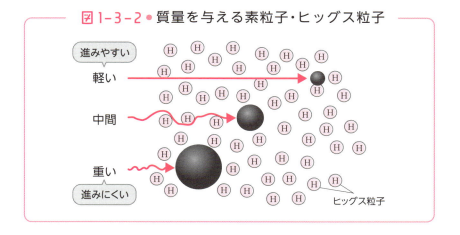

つまり、「人ごみの1人ひとり」がヒッグス粒子にあたるのです。ですから、ヒッグス粒子は私たちの身の回りに当たり前にあります。

それなのに、空気のように目に見えず耳に聞こえなかったので、とにかく探すのがとても難しく、ここ最近になるまで発見されなかったのです。

もしヒッグス粒子が存在せず、物体に質量がなかったらどうなることでしょう？ すべてのモノが光の速さで勝手に飛び回ってしまうことになります。当然、私たちの体も例外ではありません。

ただし素粒子のうち、フォトン（光子）とグルーオンだけはヒッグス粒子と衝突しないので、ヒッグス粒子が存在する空間でも光速で移動することができます。

りょうしの世界の窓

世界はデジタルか？ アナログか？

最近の世界はデジタルで動いているようです。電子機器関係は0か1かのデジタルオンリーです。でも昔人間の私はデジタルに馴染めず、できるだけアナログで賄っています。

好きな音楽もレコードで聞きたいのですが、30分ごとにレコードを交換するのが大変なのでCDです。しかしアンプは完全真空管式でKT66だとか6336Aだとかの大型真空管を並べて見入っています（真空管は眺めるもので、聞くものではありません）。

この世は原子という粒子でできているのですからデジタルなのでしょう。しかし、その粒子を見ると、電子の存在範囲は確率で表わされ、これは領域不確定のアナログみたいなものです。

アナログの粒子でできた世界はアナログなのでしょうか？ それともデジタルなのでしょうか？

1-4 世界の成り立ちを説明する「標準理論」以降の発見

――ニュートリノ振動

これまで紹介してきたような、**素粒子の振る舞いを説明するモデルを**「**標準理論**」と言います。標準理論は1970年頃に組み立てられた理論であり、物質を構成する素粒子、力を伝える素粒子、質量を生む素粒子から成り、世界の成り立ちをほぼ説明することに成功しています。

しかし、強い力と弱い力の統一が未達成なこと、重力を同じ枠に組み入れていないことなど、不完全な点も多くあります。

また、この理論では、3種類の素粒子**ニュートリノ**はともに質量を持たないことになっています。ところが最近、**ニュートリノ振動**という現象が発見され、ニュートリノが質量を持つことがわかりました。ということは、標準理論を見直す必要が出てきたことを示すものです。

● フェルミ粒子の「世代」

前述したように、物質を形づくる基本粒子は**フェルミ粒子**と呼ばれ、**クォーク**、**レプトン**各6種の計12種があります。

これらの粒子は、2種類のクォークと2種類のレプトンを1つ

の組として「世代」と呼ばれます。

a 第1世代

　第1世代のクォークは、アップ(u)とダウン(d)の2種類であり、レプトンは電子(e^-)と電子ニュートリノ(ν_e)です。

　私たちの住む世界を構成する物質の基本粒子は原子であり、それは電子、陽子、中性子でできています。陽子は2個のアップと1個のダウン、中性子は1個のアップと2個のダウンからできていますから、<u>原子は第1世代の素粒子からできている</u>ことになります。

図1-4-1 ● フェルミ粒子の第1～第3世代

b 第2世代

第2世代のクォークは、チャーム(c)とストレンジ(s)の2種であり、レプトンはミュー（μ^-）とミューニュートリノ（ν_μ）です。

c 第3世代

第3世代のクォークは、トップ(t)とボトム(b)であり、レプトンはタウ（τ^-）とタウニュートリノ（ν_τ）です。

● ゲージ粒子の内容

力を媒介する基本粒子として4種の粒子からなる**ゲージ粒子**を考えます。

その内容は、「電磁気力」を伝えるフォトン（光子）、陽子や中性子などの核子のあいだに働く「強い力」を伝えるグルーオン、そして電磁気力より弱い力を伝えるWボソンとZボソンの4種です。

物質のあいだでこれらの粒子を交換することによって、力が生じると言います。

ゲージ粒子とヒッグス粒子、重力を伝えるグラビトン粒子の6種の素粒子をまとめて**ボース粒子（ボソン）**と呼ぶこともあります。

図1-4-2 ● 力を媒介するゲージ粒子

● 日本人によく知られた粒子

　素粒子やそれ以外の極小粒子の中には、日本人によく知られた粒子があります。それらについて触れてみましょう。

a ニュートリノ

　日本人になじみの深い素粒子が**ニュートリノ**です。2002年に**小柴昌俊**博士（1926 ～ 2020）、2015年には**梶田隆章**博士（1959 ～）の2人がニュートリノの研究でノーベル物理学賞を受賞しています。

・観測施設

　ニュートリノが有名になった原因の1つに、観測施設「**カミオカンデ**」があります。

　昔の素粒子研究は理論研究でしたから、極端な話をすれば、紙と鉛筆があればどうにかなったかもしれませんが、現代の素粒子研究は実証研究に重点が置かれています。実証研究に観測機器がなくてはどうにもなりません。ニュートリノ研究がまさしくそのような研究でした。

　日本のニュートリノ研究は、岐阜県神岡町の地下1000mにあるカミオカンデという研究施設で行なわれました。

　ここは大正時代から続いた公害の「イタイイタイ病」の原因になった、有害金属カドミウムを神通川に廃棄したことで有名な亜鉛鉱山、神岡鉱山の跡地で、亜鉛採掘で使った坑道を利用した施設でした。

　カミオカンデは3000トンの超純水を蓄えたタンクと、その壁面

に設置した1000本の光電子増倍管から成る装置です。

　初代のカミオカンデの建設費は4億円だったと言いますが、代を重ねて装置が大型になるごとに高額となり、「**スーパーカミオカンデ**」では100億円、最新式の「**ハイパーカミオカンデ**」では675億円と言います。

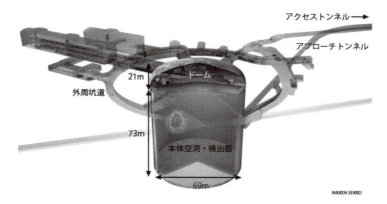

●ハイパーカミオカンデ検出器の概観（出所：東京大学宇宙線研究所　神岡宇宙素粒子研究施設）

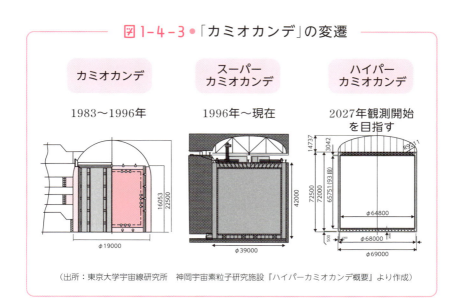

図1-4-3 ●「カミオカンデ」の変遷

（出所：東京大学宇宙線研究所　神岡宇宙素粒子研究施設『ハイパーカミオカンデ概要』より作成）

・ニュートリノの性質

　ニュートリノは電子の仲間で、フェルミ粒子のうちのレプトン族に属します。

　ニュートリノは非常に軽い粒子であり、他の素粒子と影響し合うこともほとんどありません。したがってニュートリノが人体に向かって飛んできても、人体をそのまま突き抜け、何ら影響をおよぼさない無害な粒子です。

　そのような粒子ですから、直接観測することは不可能です。しかし、粒子が水分子と衝突する際に「**チェレンコフ光**」と呼ばれる光を発光するので、観測するにはそれを光電子倍増管で検出することになります。

　ニュートリノがマスコミで有名になったのは、2011年に行なわ

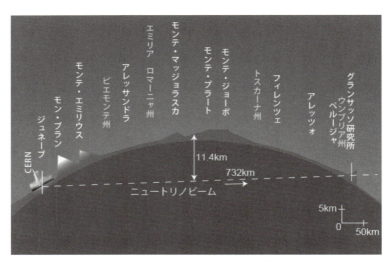

●ニュートリノの速度実験：ニュートリノをジュネーブのCERNからイタリアのグランサッソ研究所に飛ばした速度実験が行なわれた地形。

（出所：CNGS（CERN Neutrinos to Gran Sasso）プロジェクトページ
http://proj-cngs.web.cern.ch/proj-cngs/）

れた実験でした。ニュートリノをジュネーブのCERN（欧州原子核研究機構）から、約730km離れたイタリアのグランサッソ研究所に飛ばしたところ、2.43ms（ミリセカンド：1000分の1秒）後に到着しました。

　この実験からニュートリノの飛行速度を計算すると、光速より速いことになるのです。

　現代物理学の代えがたい支柱の1つは相対性理論であり、それは「光速より速いモノはない」という前提の上に成り立っています。したがってニュートリノの飛行速度が光速以上だということがハッキリしたら、相対性理論の見直しが迫られることになるのです。

　しかし、幸い（?）なことに、実験の測定誤差を再検討したところ、ニュートリノの飛行速度は光速を超えないことがわかり、一件落着となりました。

b 中間子

　中間子は素粒子ではありませんが、1949年に日本人初のノーベル賞受賞者となった**湯川秀樹**博士（1907～1981）の予言した粒子としてあまりに有名なので、ここでとり上げておきましょう。

　原子核を構成する陽子や中性子などの核子を結合させる力である核力は、荷電粒子のあいだに働くクーロン力と比べると、強さは100倍程度大きい一方で、原子核の大きさ程度の短い距離でしか働かないという特徴があり、その本性は当時まったく不明でした。

　1935年、湯川博士は、この核力は中間子という未知の粒子が核子のあいだで交換されることによって生じると考えました。計算の結果、核力は実験によく合致するものでした。

しかし、1970年代にクォークモデルが確立すると、中間子は素粒子ではなく、複合粒子であることがわかりました。また、核力も基本、相互作用ではなく、陽子や中性子を形成する強い相互作用からの残留力として理解されるようになりました。

●小柴昌俊博士
（出所：首相官邸ホームページ）

●梶田隆章博士
（出所：日本学術会議ホームページ）

●湯川秀樹博士

電気的な性質が正反対の「反粒子」の発見

―― 対消滅と対生成

クォーク、レプトン、ゲージ粒子などの素粒子には、「重さはまったく同じなのに、電気的な性質がまったく正反対」というソックリさんが存在します。これらのソックリさんを、それぞれの素粒子の**「反粒子」**と言います。

● 反粒子の種類

1928年、イギリスの若い理論物理学者**ポール・ディラック**は、量子論と相対性理論を融合する理論をつくりました。

そして自分の理論に基づいて、質量は電子と同じで、電荷が反対の粒子である「**反電子**（普通は**陽電子**と呼ばれる）」の存在を予言しました。

数式の中に現れた反電子の存在は、ディラック自身も半信半疑でしたが、後になって実際に発見されたのでした。

●**ポール・ディラック**（1902～1984）：量子力学・量子電磁気学の分野で多くの貢献をし、1933年にノーベル物理学賞を受賞している。

それ以来、このような電荷が反対の粒子は「反粒子」と名づけられ、いろいろな素粒子に存在することが発見されました。

反粒子の名前は、基本的に素粒子の名前の前に「反」をつけるだけです。例えば、プラスの電気を持つアップクォークの反粒子はマイナスの電気を持つ反アップクォーク、マイナスの電気を持つダウンクォークの反粒子はプラスの電気を持つ反ダウンクォーク、マイナスの電気を持つ電子の反粒子はプラスの電気を持つ反電子（陽電子とも言う）といった具合です。

すべてのフェルミ粒子は反粒子を持っています。しかしゲージ粒子のうち、フォトン（光子）、グルーオン、ヒッグス粒子には反粒子がありません。粒子と反粒子が同一なのです。

例外はウィークボソンです。ウィークボソンには、正の電荷を持つW^+粒子、負の電荷を持つW^-粒子、電荷を持たないZ粒子の3種類がありますが、W^+粒子の反粒子がW^-粒子になります。それに対してZ粒子の反粒子はZ粒子自身です。

● 反粒子の性質

反粒子の性質は普通の粒子と同じです。普通の粒子と同じように、くっついたり離れたりすることができます。

アップ＋アップ＋ダウンで陽子ができるように、反アップ＋反アップ＋反ダウンで反陽子ができます。陽子と電子で水素原子ができるように、反陽子と反電子で反水素原子ができます。

つまり、**粒子の世界と同じように、反粒子の世界もつくることができる**のです。粒子でできた物質に対して、反粒子でできたものは「**反物質**」と呼ばれます。

そんな粒子と反粒子ですが、その2つが出会うとエネルギーを出して消える「**対消滅**」という現象が起きます。

反対に十分なエネルギーがあれば、そのエネルギーに見合った粒子と反粒子のペアが生成します。この現象を「**対生成**」と言います。

a 対消滅

電子とその反粒子である反電子(陽電子)が衝突すれば、**対消滅**を起こして消えてしまいます。<u>両粒子のエネルギーの和が、光などの別のものになって放出される</u>のです。

このときのエネルギーはとてつもなく大きいもので、アインシュタインの式「$E=mc^2$」で表わされるエネルギーが100%発生します。

同じ重さの物質が、実際の反応によってどれだけのエネルギーを発生するかを比べたデータがあります。

それによると、火力発電所の石炭の燃焼エネルギーを1とする

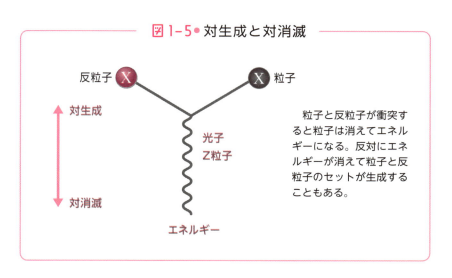

図1-5● 対生成と対消滅

粒子と反粒子が衝突すると粒子は消えてエネルギーになる。反対にエネルギーが消えて粒子と反粒子のセットが生成することもある。

と、「原子炉」におけるウランの核分裂エネルギーは250万倍、「太陽」における水素の核融合エネルギーは2000万倍となります。

それに対して対消滅のエネルギーは30億倍になります。どれだけ大きいエネルギーかわかろうというものです。

b 対生成

反対に、大きなエネルギーがあると、そこから粒子と反粒子が同時に生まれることがあります。これを**対生成**と言います。何もないところに大量のエネルギーを持った光（光子）が差し込むと、光が消えて粒子と反粒子のペアが生まれるのです。

そんなふうにして誕生した粒子と反粒子ですから、宇宙が生まれた直後には両者は同じ個数だけあったはずなのに、今の私たちの周りにはなぜか粒子しかありません。

それは、何か原因のわからない力が働いた結果なのでしょうが、それにしても、当初の粒子と反粒子の個数の違いは、10億個について2個程度であったと推定されると言います。

対消滅の結果、この2個が生き残ったのが現在の宇宙ということなのでしょうが、原初の宇宙の姿は想像を絶するものがあるとしか言いようがありません。

1-6 「標準理論」の不備を補う各種の素粒子論

―― 大統一理論・超対称性理論・超弦理論

　多種類多数個ある素粒子を統一的に整理、理解するのは、宇宙を理解することに通じます。

　1-4節では、そのような理論の1つとして素粒子の標準理論を見ましたが、標準理論にも不備があります。その不備を補って、より完成した理論をつくろうとの試みがなされています。

● 大統一理論と超大統一理論

　<u>自然界は4つの基本的な力（電磁相互作用、弱い相互作用、強い相互作用、重力）で表わされます。</u>

　しかし宇宙の始まりに存在したのはただ1つの力だけで、その後4つに分かれたものと考えられます。そこで、これら4つの力を1つの形で表わして統一しようとする理論がいくつか提出されました。「**大統一理論（GUT）**」はその1つです。

　GUT（Grand Unified Theory）はこれらの4つの力のうち、<u>重力を除いた3つを1つの形に統一しようとした理論</u>です。現在まだ研究中の理論で完成はしていません。

　なお、重力までも統一する理論は「**超大統一理論**」、あるいは「**万**

物の理論」と言います。

● 物質と力を統一する「超対称性理論」

素粒子に作用する基本的な 4 つの力を統一的に理解するために考え出された最新の理論が「**超対称性理論**」です。

すでに電磁気力と弱い力は**電弱統一理論**によって統一的に理解され、また「大統一理論」は強い力、電磁気力、弱い力を一本化する可能性を示しています。

しかし、これらの理論はまだ重力をとり込んだ最終的な力の統一理論にはなっていません。アインシュタインの一般相対性理論は、マクロの世界の重力に対しては実験的にも高い精度で検証された理論ですが、これをミクロの世界に適用しようとすると、理論が無限大に発散するという困難が現れます。

最近考え出された「超対称性理論」は、物質粒子としてのフェルミ粒子と、力を媒介するボース粒子（ボソン）を統一的に記述するもので、物質と力を統一する理論です。

● 超弦理論（超ひも理論）

「**超弦理論**」はこの超対称性をとり入れ、4 つの力をすべて一本化する画期的な理論です。この理論によれば、すべての素粒子は「超ひも」の振動として表わされます。

「超ひも」の長さは 10^{-33} cm という微小なもので、今日の技術では点にしか見えません。しかし宇宙初期の高温・高圧の状態は超ひもによって支配されていたと考えられ、宇宙論にも大きなインパクトを与えています。

第2章

極小の世界へ 量子論の夜明け

2-1 現代物理学の2大理論の誕生
—— 相対性理論と量子論

　ニュートンが著書『プリンキピア』を著わし、力学の体系を著述したのは1687年のことでした。以来200年余、宇宙で起こるすべての力学的事象は、この**ニュートン力学**が細大漏らさず説明してくれました。

　ニュートン力学に逆らうような現象はもちろん、いささかも説明に困るような現象も見つかりませんでした。物理学の世界は平穏なものでした。

● ニュートン力学では解明できない「黒い雲」

　ところが19世紀も末頃になって、観測機器の精度が上がり、観測技術が向上すると、ニュートン力学では説明に困るような現象が見つかってきました。

●**アイザック・ニュートン**（1642～1727）：イングランドの数学者であり物理学者。「万有引力の法則」を発見し、この法則は力学分野において長く中核的な役割を果たす。数学分野では微積分法を発明。なお、『プリンキピア』の訳は『自然哲学の数学的諸原理』。

当時の物理学界のようすを「理論が持つ美しさと簡潔さが2つの暗雲によって損なわれている」と喩えた物理学者がいました。

　すると、この「暗雲」はだんだん成長していき、やがて物理学界全体を覆うようになりました。この「暗雲」の正体は**相対性理論**と**量子論**でした。

● 宇宙空間が相対性理論の世界

　彗星のように突如現れたのは**アインシュタイン**の「**特殊相対性理論**」で、1905年のことでした。

　さらに1915年に、アインシュタインは特殊相対性理論を発展・一般化した「**一般相対性理論**」を発表し、相対性理論は完成しました。

　「光速は常に一定である」ということを前提の1つとして発展するアインシュタインの理論は、当初理解できる人は少なかったと言います。

●アルベルト・アインシュタイン（1879〜1955）：1921年、光量子仮説に基づく光電効果の理論的解明によってノーベル物理学賞を受賞。「20世紀最高の物理学者」と称される。

　しかし彼が、相対性理論に従って予言した天文現象が実際に発見されると、人々は理解できるできないにかかわらず、彼の理論に従わざるをえなくなったのでした。

　光速という、とんでもない高速を相手にする相対性理論は、その研究対象を巨大で広大な宇宙に広げました。星の動き、星間を飛ぶ光の現象、そこを移動する人間のロケット。そのような果てしない宇宙空間が相対性理論の世界となりました。

● ボーアの頭の中から生まれた量子論

ところが、当時、科学者が研究したのは宇宙だけではありませんでした。巨大な宇宙の正反対、極小の世界を研究している科学者もいたのです。彼らもまた、ニュートン力学で解釈できない現象を眼前にして、頭を抱えていました。

それは原子の構造でした。当時、原子は「マイナスの電荷を持つ電子」と「プラスの電荷を持つナニモノか」からできているのだろうということまではわかっていましたが、そのナニモノが何なのか、電子とナニモノがどのように組み合わさって原子になっているのか？　ということはまったくわかっていませんでした。

ある科学者は、ナニモノとは「プラスの電荷を持った電子のようなモノ」で、マイナス電荷電子とプラス電荷電子が混じり合っているのが原子だと考えました。

またある科学者は、原子の中心にはプラスZの電荷を持った粒子があり、その周りをZ個のマイナス1の電荷を持つ粒子が回っているのだと考えました。

このような議論の中からボンヤリと産声を上げたのが、後に相対性理論と並んで現代の2大理論と言われる「**量子論**」でした。

量子論の最初の形は、多くの物理学者が試行錯誤した結果、1913年に、デンマークの理論物理学者**ニールス・ボーア**の頭の中に閃いた「$mvr = n\dfrac{h}{2\pi}$」などの多くの仮定を含む条件式でした。

この式は頭の中で閃いたものですから、「なぜ、そうなるのだ？」と聞かれても答えようがありません。「こうすると実験結果に合うからだ」と言うだけです。

科学は実験がすべてです。実験だけが正しい事実なのです。理論は実験を説明するために後からつけ足した方便のようなものです。理論は「実験に合うから正しい」のであって、「合わなかったら、あるいは合わなくなったら棄てられる」だけです。

相対性理論のおかげでニュートン力学も棄てられるところでしたが、幸いなことに、日常的な力学現象を説明するだけなら、ニュートン力学で十分だし、そのほうが簡単なので、今も使われているのです。

それはともかく、量子力学は、誕生の瞬間こそこのようなボンヤリしたものでしたが、その後、**ディラック**※、**ド・ブロイ**※、**シュレーディンガー**※など、何人もの天才的な科学者の「家庭教師」に恵まれたおかげで、すくすくと育って現在の「量子論」に成長したのでした。

●**ニールス・ボーア**（1885〜1962）：「原子構造と原子からの放射に関する研究」により、1922年にノーベル物理学賞を受賞。20世紀初頭の物理学にさまざまな貢献をし、アインシュタインと並び称される。

※**ポール・ディラック**：35ページ参照。
※**ルイ・ド・ブロイ**（1892〜1987）：フランスの理論物理学者。彼が提唱した「物質波」は、後にシュレーディンガーによる波動方程式として量子力学の基となった。物質波については、2-4節で詳述。60ページ参照。
※**エルヴィン・シュレーディンガー**（1887〜1961）：オーストリア出身の理論物理学者。波動力学・シュレーディンガー方程式・「シュレーディンガーの猫」を提唱するなど、量子力学の発展に寄与した。1933年にポール・ディラックとともにノーベル物理学賞を受賞。

りょうしの世界の窓

錬金術と錬金術師

　「卑金属を貴金属に変換する」と、できもしないことを言って人々を騙したペテン師。錬金術師のことをそのように思っている方も多いのではないでしょうか。

　しかし多くの錬金術師たちは、まじめな科学・哲学者でした。彼らは錬金術を研究することによって人格を錬磨し、高潔な人間になることができると考えたのでした。当時、科学と倫理学はないまぜになっていたのでしょう。

　現代の私たちだって、微分・積分などの数学を習って何に使うというのでしょうか。エンジニアになる人などは別として、使うために習っているのではないのです。数学の合理的な考え方が私たちの生き方を正してくれると思って学んでいるのです。

　近世の有名な科学者にも錬金術師はいました。あのニュートンが熱心な錬金術の研究者だったことはよく知られています。

　錬金術師たちの地道な実験研究がなかったら、現代の科学はここまで成長できなかったでしょう。フラスコも蒸留器具も、酸もアルカリも彼らが研究し、発見したものなのです。

2-2 量子論で言う「量子」とは何だろう

―― 量子・量子化・量子数

　後でわかることですが、分子、原子、電子、素粒子などを考えると、出てくる質問は、「物体（物質）とは何だろう？」ということです。物体とは何でしょう？

　手を叩いて拍手すれば音が鳴ります。手は紛れもなく物体、物質です。それでは手から生じる音は何なのでしょう？　物体なのでしょうか？　それとも物体以外の「ナニモノか」なのでしょうか？

　安っぽい哲学遊びをしているつもりはありませんが、量子論を扱っていると、このような根源的な問題にぶつかることがよくあります。

　「物体とは何だろう？」という崇高な質問に対する崇高な答えは、哲学などの研究領域の方にお任せするとして、科学者の立場としてはさしあたり、「物体とは、有限の質量と有限の体積を持つ『モノ』」としておきましょう。

　しかし、この答えは否定法で逃げているものであることは白状しておかなければなりません。幽霊、魂、精神、思考など、現代科学の範疇を超える「モノ」を避けただけの話です。

● 量子とは？　量子の"子"の意味するものは？

　量子論の中心を成す考えは、もちろん「量子」です。本書を購入してくださった方々の何割かは、本書に「量子とは何か？」という質問の答えを求めているのでないかと思います。

　「分"子"」「核"子"」「電"子"」「陽"子"」「中性"子"」「中間"子"」「素粒"子"」。現代科学の用語の中には"子"のつくものがたくさんあります。

　それでは"子"とは何を意味するのでしょうか？　この答えは、現段階では理解できない方も大勢おられるでしょうが、さしあたり「エネルギーの単位量」としておきましょう。

　分子、原子などは確かに体積（分子構造、原子半径など）と質量（重量、分子量、原子量）を持っています。しかし、素粒子になると、それは怪しくなるのです。

　それはともかくとして、現段階では、「量子とはエネルギーの単位量」としておきましょう。ということは、原子や電子のように具体的なイメージはないが、ある「一定量のエネルギーが塊（単位）となって行動するモノ」ということです。

　もちろん、分子、原子、電子、陽子などがこの定義に当てはまるモノであることは言うまでもありません。

● あらゆるモノが量子性を持つ

　それでは、どのようなモノが量子であり、どのようなモノが量子になることができるのでしょうか？　答えは簡単です。「あらゆるモノが量子になれる」です。

　散文的に説明してもわかっていただけるとは思えません。現実離

れはしていますが、例で説明しましょう。

a 量子と量子化

　量子については、次のような喩えで考えるとわかりやすいでしょう。水道の蛇口から流れ出る水は「連続量」です。200mLでも10Lでも、どのような量でも自由に汲み取ることができます。

　しかし、自動販売機で売っている水は1本単位です。仮に1本が500mLの場合、0.9Lだけ欲しくても2本買わなければなりませんし、1.01L欲しかったら3本買わなければなりません。

　このように、飛び飛びの値しかとれない量、個別に数えられる量を「**離散量**」と言います。そしてこのように表現することを「**量子化**」と言います。つまり自動販売機の水は、流れ出る連続する水から切り離され、量子化されているのです。

図 2-2-1 ●「量子化」とは

b 量子数

　自動車の速度で考えてみましょう。日常世界で運転しているときなら、連続的な流れのどのような速度でも出すことができます。し

かし量子化された世界では違います。

ここでは、例えば、速度vが30km/h単位で量子化されているとしてみましょう。

$$v = 30n \text{km/h} \quad (n \text{は} 0 \text{を含む正の整数})$$

つまり、止まっている自動車（$n=0$状態）は動き出した途端に30km/h（$n=1$状態）になり、もう少し速く、と思うと60km/h（$n=2$状態）となり、他車を追い越すために速度アップしようと思うと制限速度を超えた90km/h（$n=3$状態）となって、パトカーとの競走になってしまいます。

これが「量子化」ということです。つまり自動車の速度はnを整数として$n×30$km/hで規定されていることになります。

このときの整数nを「**量子数**」と言います。

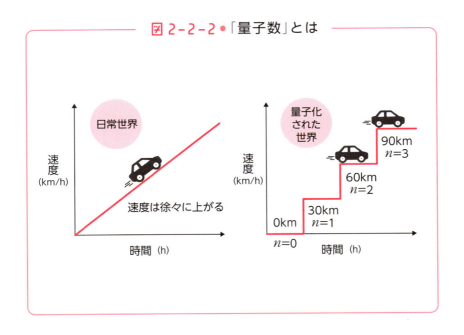

図 2-2-2 ●「量子数」とは

c 量子数の種類

お金の硬貨やお札も量子化されています。小さい単位は1円単位、すなわち$n_{壱} \times 1$円、その上は10円単位、つまり$n_{拾} \times 10$円、そして$n_{百} \times 100$円、$n_{千} \times 1000$円、$n_{万} \times$万円というように、単位は切り上がっていきます。

この場合は、$n_{壱}$、$n_{拾}$、$n_{百}$、$n_{千}$、$n_{万}$などがすべて量子数であると考えることができます。つまり、お金の場合には量子数が何種類もあるのです。

ただし、自然現象の中でこのような「量子」が明瞭な形で現れるのは光子、電子、原子、分子などという極小の微粒子の世界においてだけです。

d 空間の量子化

その後、研究が進むと、「量子」という単位量が存在するのは体積やエネルギーなどの数値だけではなく、**「角度」などの空間まで量子化されている**ことが明らかになりました。

角度の量子化というのはわかりにくいと思いますが、コマの運動で考えるとわかりやすいでしょう。回っているコマが回転速度を落として止まりそうになると、軸が傾いて**歳差運動**、つまり円を描いて振れる「ミソスリ状態」になります。

このときの軸の角度θ（シータ）は、私たちの社会では0度から90度まで連続的に変化しますが、量子化された世界では、角度を15度、30度、45度などの、飛び飛びの値にすることしか許されないということです。

この考えは、後に明らかになる**「軌道（電子雲）の形」**として視覚

化されることになります。

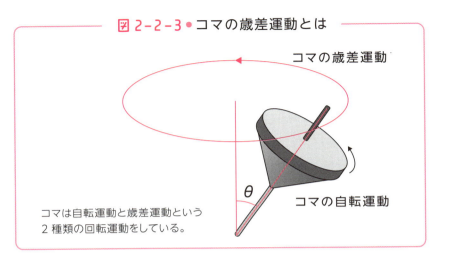

図 2-2-3 ● コマの歳差運動とは

コマの歳差運動

コマの自転運動

コマは自転運動と歳差運動という2種類の回転運動をしている。

りょうしの世界の窓

なだらかな変化と劇的な変化

　量子化された世界では、変化は量子数nによって支配されます。$n=1$の世界と$n=2$の世界ではまったく違います。つまり、nが1から2に変化すると世界が激変するのです。

　それに対して私たちが住む世界では、季節の変化でわかるように、変化はなだらかに起こります。

　と、そのように考えがちですが、はたしてそうでしょうか？

　水が氷になる変化は激変です。水と氷の中間などという状態は存在しません。お湯が水蒸気になる変化も劇的です。

　生命が消える瞬間も激変です。半死半生などという状態は文学上の喩えで、実際には存在しません。

　自然界にはなだらかな変化と劇的な変化が存在するのです。

2-3

光の正体は粒子なのか？波なのか？
── 霧箱・光電管の実験

　近代科学でいちばんの問題は光の正体でした。長い間、光は波（波動）であると考えられてきました。ところが近代になって科学技術が進歩すると、光を単純に波であると言ってよいのか？　という疑問が湧き起こってきました。

　「どうも、光はツブツブの粒子であると考えたほうがよいのではないか？」という疑問です。この疑問を突きつけたのは霧箱を用いた実験と光電管を用いた実験でした。

● 光の粒子性を明らかにした「霧箱の実験」

　当時、光と似た立場にあったのが電子でした。電子は粒子なのか？　それとも波動なのか？　ということです。

　この問題をスッキリと解決したのが、霧箱という簡単な装置を用いて行なった実験でした。

　霧箱は、真空の箱の中に、大きさの揃った微小な粒の霧を発生する装置です。霧の粒子は重力に従って落下します。その落下速度は、霧粒子の大きさが揃っているので、ほぼ同じで V です。

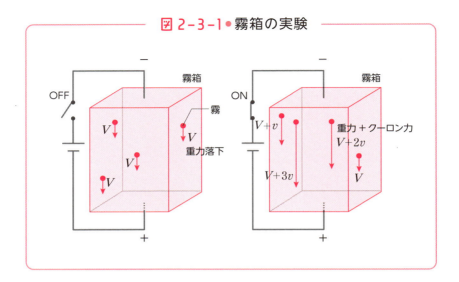

図 2-3-1 ● 霧箱の実験

　この状態の霧箱に通電します。すると霧粒子の落下速度に変化と違いが現れます。

　何の変化もなく、速度 V のままで落下する粒子。明らかに速くなった速度 $V+v$ の粒子。それより 2 倍速くなった速度 $V+2v$ の粒子。3 倍速くなった速度 $V+3v$ の粒子などです。

　この変化は、霧粒子に電子が付着した結果と考えられます。しかも、落下速度の変化量が v、$2v$、$3v$ などと、v の整数倍になっていることは、付着した電子が 1 個、2 個、3 個と数えることのできる粒子であることを示しています。

　つまり、「電子は 1 個、2 個と数えられるモノ、すなわち粒子である」ということです。

● 光の波動性を明らかにした「光電管の実験」

　光電管は真空管の一種であり、陰極に光を当てるとそのエネルギーを電子が受け取って陰極から飛び出し、飛び出した電子が陽極

に達することによって電流を流すという装置です。

電流の量Iは飛び出した電子の個数に比例することがわかっています。

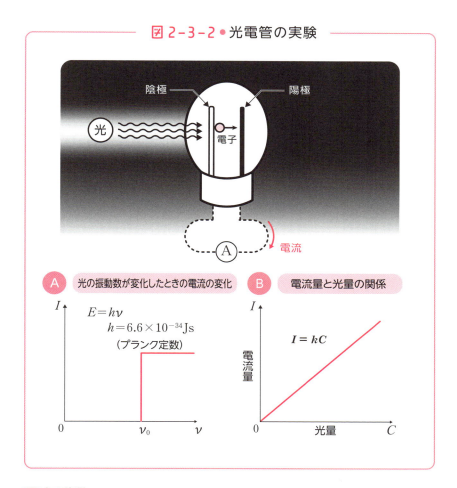

図2-3-2●光電管の実験

A 光の振動数が変化したときの電流の変化
$E = h\nu$
$h = 6.6 \times 10^{-34} \text{Js}$
（プランク定数）

B 電流量と光量の関係
$I = kC$

a 振動数

図2-3-2のグラフAは、光の振動数 ν が変化した場合の、電流量Iの変化を表わしたものです。光は波ですから、振動数に比例したエネルギー E を持ちます。

$$E = h\nu \qquad (h は比例定数：プランク定数)$$

振動数が一定数 ν_0 以下の場合には電流は流れません。振動数が ν_0 に達すると初めて電子が飛び出し、電流 I が流れます。

これは光電管から電子が飛び出すためには、一定量 E_0 以上のエネルギーが必要なことを表わしており、それが $E_0 = h\nu_0$ であることを意味するものであり、光が波動性を持つということと一致します。

しかし、振動数を ν_0 より大きくしても電流量は変化しません。これは、光のエネルギーと、飛び出す電子の個数の間には何の関係もないことを示しているものです。

b 光量

図2-3-2のグラフBは、電流量 I と光量 C のあいだの関係を表わしたものです。このグラフは、電流量が光量 C に比例することを示しています。

つまり、光量が増えると飛び出す電子の個数が増えることを表わすものです。

この現象は光が粒子であり、その粒子が電子と1：1で衝突することによってエネルギーを渡していることを示すものです。すなわちこの結果は、光が電子と同じように粒子であることを示すものなのです。

● 光はネズミか、ツバメか

上記の2つの実験結果は、光は波動性と粒子性の両方を持って

<u>いる</u>ということを表わしています。

これはどういうことでしょうか?

光をコウモリに喩えてみましょう。コウモリはネズミのように赤ちゃんを産み、ツバメのように空を飛びます。だからといって、「コウモリはネズミか? ツバメか?」と問う人は誰もいません。コウモリはコウモリなのです。

しかし、赤ちゃんを産むことに関しては"ネズミのように"と説明するとわかりやすいです。一方、空を飛ぶことに関しては"ツバメのように"と言うとわかりやすいです。

つまり、「コウモリはネズミのような性質と、ツバメのような性質を併せ持っている」、それだけのことなのです。

それとまったく同じように、「光は"波のような"性質と、"粒子のような"性質の両方を併せ持っている」だけなのです。ギリシャ神話に登場する怪獣キメラのような「ワケノワカラナイモノ」と考える必要はありません。

2-4 物質は粒子でもあり波でもある

―― 物質波

　光と電子は、粒子性と同時に波動性を持っていることが明らかになりました。電子が波動性を持っているのなら、電子からできている原子も波動性を持たなければ理屈に合いません。それなら、原子からできている分子も波動性を持つでしょう。

　という具合に進んでいくと、私たちの身の回りの物体、さらには私たち自身も波動性を持っているに違いない、いや、持たなければ困る、ということになります。

● 物質と波動性の関係

　前出した**ルイ・ド・ブロイ**（45ページ）は物質と波動性の関係を研究し、「**物質波**」というものを提唱しました。

　それによると、物質はその大きさにかかわらずすべて波動性を持ち、その波長 λ（ラムダ）は、**ド・ブロイの式**と呼ばれる次の式で表わされることになります。

$$\lambda = \frac{h}{mv} \quad （h：比例定数〈プランク定数〉、m：質量、v：速度）$$

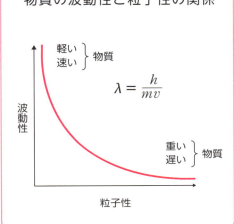

図 2-4 ● 物質の波動性と粒子性の関係

●ルイ・ド・ブロイ：45、60ページ参照。

　この式によれば、**物質の波動性を表わす波長 λ と、粒子性を表わす運動量 mv は反比例の関係にある**ことになります。

　すなわち図2-4に示したように、質量 m が小さく速度 v の速いものは波の性質が大きく、反対に質量が大きくて速度の遅いものは粒子性が大きいことになります。

　原子や分子は前者であり、日常世界の物質は後者なのです。

● 人間の波動性はどうなっているか

　ド・ブロイの式に実際の数値を入れて考えてみましょう。

　秒速1mで歩く体重66kgの人の波長を計算してみます。h は比例定数で 6.6×10^{-34} です。m は66、v は1です。

$$\lambda = \frac{6.6 \times 10^{-34}}{(66 \times 1)} = 1 \times 10^{-35} \text{m}$$

　このように波長（λ）は 1×10^{-35} m となります。これはあまりにも短い波長であり、波として認識することはできません。

一方、電子の質量は約10^{-30}kgです。これが光速並みの秒速10万km＝10^8mで動いたとしましょう。

$$\lambda = \frac{6.6 \times 10^{-34}}{(10^{-30} \times 10^8)} = 6.6 \times 10^{-12}\text{m}$$

この場合の波長は6.6×10^{-12}mであり、レントゲン撮影のX線の波長と同程度になります。これならば十分に波として認識できます。

このように、すべての物質は粒子性とともに波動性を持っているのです。ただ、日常の世界ではその波長があまりに短いので波動としての性質が認識されないだけなのです。

りょうしの世界の窓
ルイ・ド・ブロイ

　ド・ブロイは名門貴族の家の末っ子として生まれました。ルイ14世によって授爵されたブロイ家の7代目にあたります。

　物理学に興味を持った彼は、1922年から翌年にかけ、粒子には波動的性質があることを提唱する内容の論文を次々に発表しました。その内容は当時の科学界にとって衝撃的で、ド・ブロイの論文を一笑に付す科学者もいました。

　しかし、彼の理論はアインシュタインなどから支持を得て、1927年には実験によって正しさが証明されました。その功績から1929年にノーベル物理学賞を授与されています。

　彼はその名声にもかかわらず、謙虚な性格で評判だったようです。1962年に大学を退官したのちも穏やかな研究の日々を送り、1987年に95歳で大往生を遂げています。

原子構造を量子論的に見る

3-1 原子構造の解明はどのように進んできたか

―― 古代ギリシャから20世紀初頭まで

　先に見たように、原子は素粒子ではありません。しかし、原子の大切なパーツの1つである電子は紛れもなく素粒子です。

　素粒子は世界をつくる最終の究極的微粒子ですが、「世界」と「素粒子」はあまりに隔たっています。世界と素粒子を関係づけて考えるためには、両者を結びつけるナニモノかを介在させたほうが便利でわかりやすいでしょう。

　そのようなモノとしてうってつけなのが、小学校の理科以来、慣れ親しんできた原子、分子なのです。

　ここでは原子を相手に量子論を見てみましょう。

　古代ギリシャでは、いろいろな説を唱える哲人グループがありましたが、その中に**デモクリトス**を中心とした原子論者がいました。

　彼らは、世界は何からできているのか、という問題を論じ、世界は「これ以上分けることのできないモノ」からできていると考え、それをアトム（原子）と名づけました。

● ギリシャ時代からの原子論の変遷

　この古代ギリシャの原子論者たちが、原子を考えた最初の人々と

思われています。しかし、この時代の原子論は、事実の裏打ちのない、ただ「言うだけ」の空論に過ぎないものでした。

議論といっても、ただ相手を言い負かすことに専念するだけで、証拠を示して自分の説を証明するなどということは考えもしませんでした。

●**デモクリトス**（紀元前460～370年頃）

彼らにとって「崇高」なのは「考えること」であり、「見たり」「いじったり」することは重んじられていなかったのでしょう。

a 観念論の時代

科学はそれからもたゆみなく進歩を続けました。科学の暗黒時代のように言われる中世の錬金術時代（13～17世紀前半頃）にも科学は着実に進歩し、次に来る実験・実証科学の土台を築いていました。

やがて産業革命（18世紀半ば～19世紀前半）を経過し、科学は隆盛の時代を迎えましたが、原子という考えはギリシャ以来、忘れられたままでした。

古代ギリシャ時代から2500年、多くの人々が多くの国で、「世界は何からできているのか？」という疑問の答えを求めて自問自答を繰り返しました。しかし彼らは「自問自答を繰り返しただけ」だったのです。誰１人として「自然に聞こう」「自然を観察しよう」「実験しよう」とはしなかったのです。

その結果、出てきた答えは観念的なものばかりでした。

古代からヨーロッパで信じられた「四元素説」（この世界の物質は土・水・空気〈風〉・火の 4 つの元素から構成されるとする説）や仏教の「地水火風」などはまだ科学的なほうです。「天地人」とか「陰陽五行」とか、少なくとも科学的にはわけのわからない説がもっともらしい顔をして語られていました。

🄑 定量科学の台頭

19世紀の後半になり、実験装置が進化して精密になり、実験技術が巧みになると、それまで定性的だった科学が定量的なものに変貌しました。

そうなると、化学反応に関与する物質の重さのあいだにいろいろな比例関係があることがわかり、化学反応の背後には、何か「数えることのできるモノ」が潜んでいるのではないかということが科学者の頭に浮かんできました。

これが近代原子論の誕生につながったのでした。

● 原子の古典的モデル

19世紀の末になると、原子の存在は科学者の共通の概念となっていました。そして、原子の中にはマイナス 1 の電荷を持った電子が何個か入っていることがわかりました。しかし、原子は電荷を持っていません。電気的に中性です。

原子の中にある何個か（Z 個としましょう）の電子の電荷（全部で $-Z$）を中和して中性にするためには、原子の中に $+Z$ の電荷がなければなりません。つまり、$+Z$ の電荷を持つ「何か」か、あるいは、$+1$ の電荷を持つ「何か」が Z 個なければならない、ということま

ではわかりました。

しかし、そこから先はなかなか進みませんでした。そこでいくつかの空想的な試案が提出されました。

a プラム・プディングモデル

原子模型を最初に提案したのはイギリスの物理学者**ジョセフ・ジョン・トムソン**※で1904年のことでした。

彼は正の電荷を持つ液状の物(プディング、パン)の中に負の電荷を持つ電子(プラムのカケラ、干しブドウ)が散らばり、全体として電荷の中性が保たれるというモデルを提出しました。

●トムソンのプラム・プディング・モデル

※**ジョセフ・ジョン・トムソン**(1856〜1940):電子の発見に貢献し、1906年に「気体の電気伝導に関する理論および実験的研究」により、ノーベル物理学賞を受賞。

これはヨーロッパのお菓子、プラム・プディングに似ているので、世界的には「**プラム・プディングモデル**」と言われました。しかし、日本ではプラム・プディングが一般的でないので、**ブドウパンモデル**と言われたのだそうです。「似て非なるもの」とも言えないほど異なっていますが、当時の翻訳者も苦労したのでしょう。

b ラザフォードモデル

1904年には日本の**長岡半太郎**※モデルも発表されたのですが、トムソンの説のほうが有力視され、長岡モデルは注目されませんでした。

しかし、プラム・プディングモデルでは実験事実がうまく説明できず、次に1911年に発表されたのが、実験によって発表された、イギリスの物理学者**アーネスト・ラザフォード**※の、一般に「**ラザフォードモデル**」と言われるものでした。

それは原子の中心に正の電荷を持った大きな粒子が存在し、その周囲を、土星の輪のように電子が回っているというもので、惑星モデルなどとも呼ばれました。

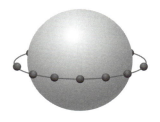
●長岡半太郎モデル

●ラザフォードモデル

しかし当時の電磁気学によって、荷電粒子の周りを荷電粒子が回転すれば、エネルギーが放出され、回っていた荷電粒子は渦を描くようにして中心の粒子の上に落下するということがわかっていました。

これでは、原子はできたとたんに消滅して、正負の荷電粒子が中和してできた中性子になってしまい、宇宙は中性子星あるいはブラックホールだらけということになってしまいます。

※**長岡半太郎**（1865〜1950）：数理物理学的な研究、地震や地球物理学の研究に携わる。その後、研究の対象は原子構造論にまで広がり、土星型原子モデルを提唱した。
※**アーネスト・ラザフォード**（1871〜1937）：実験物理学の大家であり、「原子物理学の父」と呼ばれる。1908年、「元素の崩壊および放射性物質の性質に関する研究」によりノーベル化学賞を受賞。

3-2 方程式で導き出された原子モデル

── シュレーディンガー方程式

　原子は原子核とそれを取り巻く電子雲からできています。しかし普通、原子と原子核は分けて考えられ、原子構造という場合には原子核の構造は扱いません。

　本書でも、原子核の構造は次章で見ることにして、本章では電子雲の構造だけを見ることにします。

● **ボーアモデルで実験結果は説明できた**

　前節で見たような状況の中で、1913年に提出されたのがニールス・ボーアの量子条件（**ボーアモデル**）でした。

　これは、質量 m の電子は、原子核の周りにある半径 r の円周軌道（orbit）上を速度 v で周回運動をするが、その角運動量 mvr は $\frac{h}{2\pi}$ の整数（n）倍に限られるというものでした。

$$mvr = n\frac{h}{2\pi}$$

　この提案によって、当時発見されていた実験事実はうまく説明することができました。

　しかし、なぜ角運動量が量子化されているのか、という基本的な

問題には触れていませんでした。

なお、ここで言う「軌道」とは、電車が走るレールのようなものを想定したものでした。

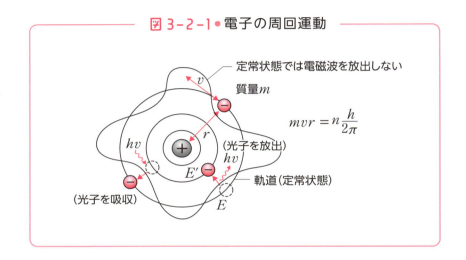

図 3-2-1 ● 電子の周回運動

● 原子の量子論的モデル

学会がこのような状態にあったときに相次いで発表されたのが、後に量子論として統一される数々の理論でした。

中でも極めつけは、1926年に発表された**シュレーディンガー**による**シュレーディンガー方程式**でした。現在私たちが持っている現代的な原子モデルは、この方程式によって導き出されたものです。

a シュレーディンガー方程式

シュレーディンガー方程式は、エネルギー E、**波動関数 ψ**（プサイ）、**ハミルトン演算子**（ハミルトニアン）H からなるもので、一般に、

$E\psi = H\psi$

という簡単な形で示されます。

　演算子というのは、数学的な演算の種類を指定する記号で、簡単な演算子では四則演算を指定する記号＜＋－×÷＞、あるいは微分記号、積分記号のようなものです。

●**エルヴィン・シュレーディンガー**：45ページ参照。

　さすがにハミルトン演算子はこのような演算子に比べてはるかに複雑で、それだけにシュレーディンガー方程式を解くのは大変です。

b 近似解

　その上、多くの原子は複数個の電子を持っています。すると互いに影響し合う質点の個数が3個以上となり、このような系が描く軌跡は求まらないことが数学的に証明されています（**三体問題**と言う）。

　つまり、シュレーディンガー方程式を完全に、正確に解くことができるのは、1個の原子核と1個の電子から成る（2体系）水素原子だけということになります。

　ということで、水素原子以外の原子は近似解で我慢せざるを得ないということになります。

　しかしコンピュータの発達した現在では、実用上、問題ない程度の近似解が得られています。

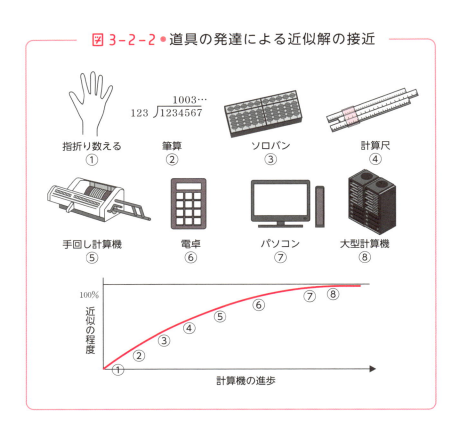

図 3-2-2 ● 道具の発達による近似解の接近

c 量子数

シュレーディンガー方程式を解いて与えられる<u>波動関数 ψ は、原子の性質、挙動を表わす関数</u>ですが、方程式を解く過程で特定の「数」がついてきます。

この数は、「0 を除く正の整数」「正の整数」「正負の整数」「±1/2」などといろいろな制約がつきますが、このような数を一般に「量子数」と言います。

先に見たボーアの原子構造で出てきた、角運動量の $n\dfrac{h}{2\pi}$ の「n」も量子数の一種です。<u>量子数は原子の性質を支配する非常に重要な「数」</u>なのです。

りょうしの世界の窓

シュレーディンガーの猫

　前述したことと一部重複しますが、量子論にとって重要なところですので、シュレーディンガーの理論についてもう少しくわしく見てみましょう。

・シュレーディンガー方程式

　量子論では、極小粒子の挙動は波動関数 ψ（プサイ）という式で表わされます。ψ は、発明者の名前をとってシュレーディンガー方程式と呼ばれる微分方程式（$E\psi = H\psi$　E：エネルギー、H：ハミルトン演算子）を解くことによって得られます。

　つまりシュレーディンガー方程式に問題とする粒子の置かれた科学的環境、例えば温度、圧力、位置情報などを入れます。この方程式を解くと、粒子の状態が波動関数 ψ として出てくるのです。すなわち、波動関数 ψ は粒子の振る舞いを表わす関数、いわば粒子の代理者なのです。

　ただ厄介なのは、実験によって粒子を検出しようとすると、実態のある粒子として観察される一方で、検出されるまではその振る舞いは波動として表現されるという点です。波動関数 ψ は、ある場所でその粒子が検出される「確率」を表わすものです。そしてその確率は波動関数絶対値の2乗 $|\psi|^2$ に比例すると解釈されます。

　この状態を量子論者は、箱を開ける前の段階では、猫の状態は「死んだ状態」と「生きた状態」の重ね合わせだと言うのです。

・シュレーディンガーの猫

　量子論では、「方程式を解いて答えを導く」という数学的・抽象的な問題とともに、その「答えの意味を具体的な物理的事象として『解釈』する」という、半ば哲学的な問題がつきまといます。このような議論の中で出てきたのが有名な「シュレーディンガーの猫」という名前の思考実験です。

　粒子の挙動によって毒ガスが発生する仕掛けのついた不透明な

第3章

原子構造を量子論的に見る

71

箱の中に猫を入れます。粒子の振る舞いは確率的なので、毒ガスは50％の確率で発生します。箱をあけるまでに毒ガスが発生すれば猫は死んでいますが、発生しなければ猫は生きています。

　でも箱をあけるまで、猫の状態はわかりません。粒子の振る舞いを確実に知ることはできないからです。「箱をあける」というのは実験で粒子を検出するということと対応します。粒子を検出するまで、粒子の状態を正確に知ることはできず、それまでは、量子論者の説によれば「猫は死んだ状態と生きた状態の重ね合わせ状態にある」と解釈されることになります。

　そのような状態の猫とはどういう猫なのでしょうか？

　そんな猫はあり得ないから、「状態の重ね合わせ」という考え方は間違っていると質問者は言いたいのですが、この問題は量子論で大きな問題とされました。

・検出確率

　実はこの問題は、先に見た検出される確率の解釈で解決したように見えますし、科学的にはその解釈で問題は生じません。しかし、この確率論を猫の問題に適用したらどうなるのでしょう？

　猫は、箱の中の「この部分で死んでいる確率 1 ％」「この部分で生きている確率90％」ということなのでしょうか？　そしてその確率の総和がちょうど半分ずつの50％とでも考えればよいのでしょうか？

　あなたの解釈は？

3-3 原子の化学的実態は電子雲にある

—— 電子殻と量子数

　高校で現代の原子構造を学んだ皆さんは、原子の構造と言えば、中心に小さくて重い（密度が大きい）**原子核**があり、その周りを何個かの電子でできた、軽くてフワフワとした「**電子雲**」が囲んでいる図を思い出されるのではないでしょうか（5－1節参照）。

　原子核の直径と電子雲の直径の比はおよそ1：1万、そして**原子の重さの99.9％は原子核にある**という情報も大切です。

　そのくせ原子の性質、化学反応性を支配するのは、軽くてフワフワの、体積だけあって実体のないような電子雲であるというのも忘れてはいけないことです。

　ということは、**原子の化学的実態は電子雲にある**ということです。そのため**原子の構造と言う場合には、ふつう原子核を除いた電子雲の構造**、すなわち「原子の電子構造」のことを言います。

● 電子の集まる電子殻とは

　原子を構成する電子は、原子核の周りの適当なところに群れ集まっているわけではありません。電子には、キチンといるべき場所が決まっています。これを**電子殻**と言います。

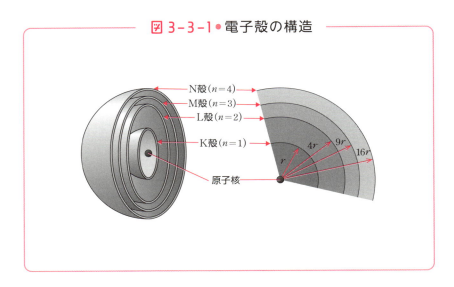

図 3-3-1 ● 電子殻の構造

電子殻は球殻状の形をしており、何層にも重なっています。

各電子殻には、内側から順にK殻、L殻、M殻、……とアルファベットのKから始まる名前がついています。

● 電子殻の性質と量子数

各電子殻には**量子数n**が付随していますが、それはK殻（1）、L殻（2）、M殻（3）など「0 を除く正の整数」となっています。

電子殻の性質は量子数によって厳重に規定されており、それは以下のようになっています。

a 電子殻の半径

電子殻の性質は、**量子数の 2 乗に比例**します。つまりK殻の半径をrとするとL殻は$2^2r=4r$、M殻は$3^2r=9r$、……となります。

b 電子殻の定員

各電子殻に入ることのできる電子の個数は決まっており、その最

大数（定員）は $2n^2$ 個、つまり K 殻は $2 \times 1^2 = 2$ 個、L 殻は $2 \times 2^2 = 8$ 個、M 殻は $2 \times 3^2 = 18$ 個、……となります。

c 電子殻のエネルギー

各電子殻は固有のエネルギーを持ち、その電子殻に入った電子はそのエネルギーを持つことになります。これは電子殻を階段と考え、その高さに応じた位置エネルギーを電子殻エネルギーと考えるとわかりやすいでしょう。

ただし、原子、分子では、エネルギーをマイナスに測るので、エネルギーをグラフで表わす場合、エネルギーの絶対値の大きい電子殻ほどグラフの下方に位置します。

一般にグラフの下方ほど低エネルギーで安定、上方ほど高エネルギーで不安定と解釈します。この感覚は位置エネルギーの場合と同じです。

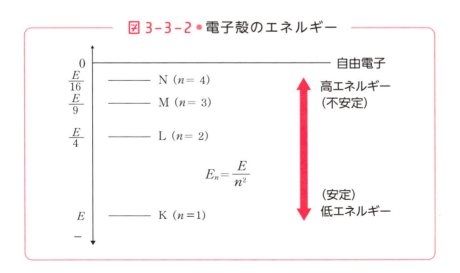

図 3-3-2 ● 電子殻のエネルギー

3-4 電子の軌道は立体になっている
―― 量子論の軌道

電子は電子殻に入りましたが、実は電子殻はさらに細かい構造を持っています。それが**軌道**（orbital：**オービタル**）です。

先に見た原子の長岡半太郎モデル、ボーアモデルなどでも電子は軌道に入りました。

そのときの軌道は英語でorbit、電車の軌道と同じイメージでした。つまり軌道は平面に敷かれ、電子はその軌道の上を、軌道から外れることのないように走っていました。

しかし、これから見る量子論による軌道は、それらとはかなり違います。まず、「**量子論の軌道**」は**平面ではありません。立体です**。電子が走る軌道というよりは、電子が入る容器のようです。電子はその容器のどこにでもいることができます。

このように「量子論の軌道」は、以前のモデルの「軌道orbit」とは違います。そのため量子論の軌道は英語では「orbital」と言います。「軌道のようなもの」とでも訳せばいいでしょうか。

しかし、日本語ではorbitと同じ「軌道」と訳してしまいました。以来、現在でも軌道で通っています。

では、漢字のご本家である中国では何と訳しているのか、中国か

らの留学生に聞いたところ、やはり軌道だそうです。中国では化学用語は日本語を訳しているのだそうです。

● 電子殻の軌道の種類

電子殻を詳細に検討すると、電子殻はいくつかの軌道からできていることがわかりました。

軌道にはいろいろの種類があり、代表的なものだけでも**s軌道**、**p軌道**、**d軌道**などがあります。そしてs軌道は1個だけで存在しますが、p軌道は3個セット、d軌道は5個セットとセットになって存在します。

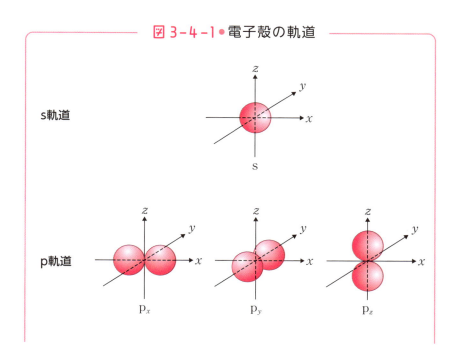

図 3-4-1 ● 電子殻の軌道

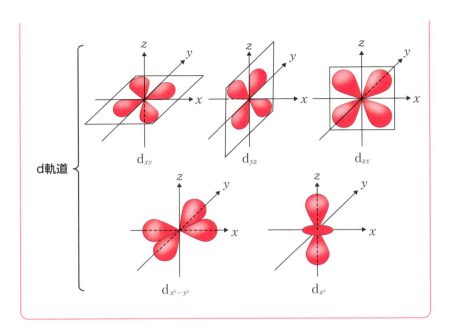

　もっとも小さいK殻はs軌道だけからできていますが、L殻はs軌道1個とp軌道3個の合計4個、M殻はs軌道1個、p軌道3個、d軌道5個の合計9個の軌道からできています。

　このようにs軌道はK、L、M殻のすべてにあるので、区別するために属する電子殻の量子数をつけて1s軌道、2s軌道などと呼びます。他の軌道に関しても同様です。

　電子殻に定員があったように軌道にも定員があり、<u>**すべての軌道に対して定員2個**</u>です。したがって4個の軌道からなるL殻の総定員は8個となり、前節で見た電子殻の定員と一致します。他の電子殻でも同じです。

● 軌道エネルギーの性質

　電子殻にエネルギーがあったように、軌道もエネルギーを持って

います。そのエネルギーは、同じ電子殻に属するものなら、s軌道＜p軌道＜d軌道の順に高く（高エネルギー、不安定化）、大きくなります。

　3個セットのp軌道、5個セットのd軌道はすべて互いに等しいエネルギーになっています。このように異なる軌道でありながら、エネルギーの等しい軌道を**縮重軌道**と言います。

　p軌道は三重、d軌道は五重に**縮重（縮退）**していると言います。

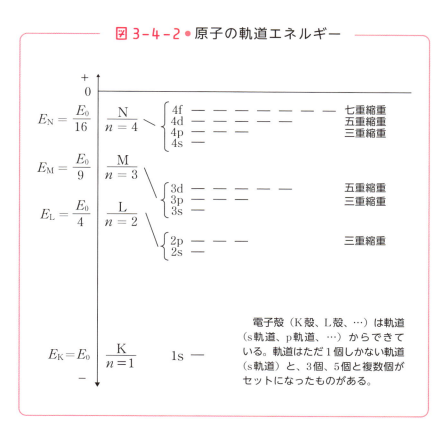

図 3-4-2 ● 原子の軌道エネルギー

電子殻（K殻、L殻、…）は軌道（s軌道、p軌道、…）からできている。軌道はただ1個しかない軌道（s軌道）と、3個、5個と複数個がセットになったものがある。

3-5 電子雲は電子の存在確率の図式化

—— ハイゼンベルクの不確定性原理

前節の図3-4-1は**軌道の形**です。一般に「軌道の形」というのは、その**軌道に入っている電子がつくる電子雲の形**のことを言います。

先に量子化されるのは量だけでなく、方向、空間も量子化されることを見ました。その結果が美しい形で現れているのがこの軌道の形なのです。

●「量を特定できない」という不確定性原理

量子化学では「量子化」「物質波」など、不思議な概念が入ってきますが、そのようなものに「不確定性原理」があります。それは、**量を明確に特定できないことがある**ということです。こうかもしれないし、ああかもしれないということです。

このように言うと何やらアヤフヤで科学的でないと思われるかもしれません。しかし、何％の確率でこうだろう、という程度のことは言うことができます。

a どちらかはボケる被写体

この原理を、発見者であるドイツの理論物理学者**ヴェルナー・ハイゼンベルク**の名前をとって、「**ハイゼンベルクの不確定性原理**」と言います。

この原理は、

「2つの量を同時に正確に特定することはできない」

ということです。

喩えで見てみましょう。

鎌倉の大仏さまの前で家族の記念写真を撮ったとしましょう。

●**ヴェルナー・ハイゼンベルク**（1901〜1976）：不確定性原理によって量子力学の確立に大きく貢献した。1932年に31歳でノーベル物理学賞を受賞。　（出所：ドイツ連邦公文書館）

大昔の解像度の甘いカメラ（ニュートンカメラと呼びましょう）で撮ると、大仏さまもその前に立った家族もソコソコのピントで撮ることができます。

ところが解像度が鋭い超現代カメラ（ハイゼンベルクカメラと呼びましょう）で撮ると、（焦点深度が浅いため）家族にピントを合わせるとマツゲの1本1本までクッキリと写りますが、大仏さまはボケてしまいます。反対に大仏さまに焦点を合わせると家族がボケてしまいます。

つまり量子化された世界では、大仏さまと家族の2つの被写体を同時に正確に写すことはできないのです。

図 3-5-1●ニュートンカメラとハイゼンベルクカメラ

全体が少しボンヤリ

家族はクッキリ
大仏さまはボケボケ

大仏さまはクッキリ
家族はボケボケ

ニュートンカメラ

ハイゼンベルクカメラ

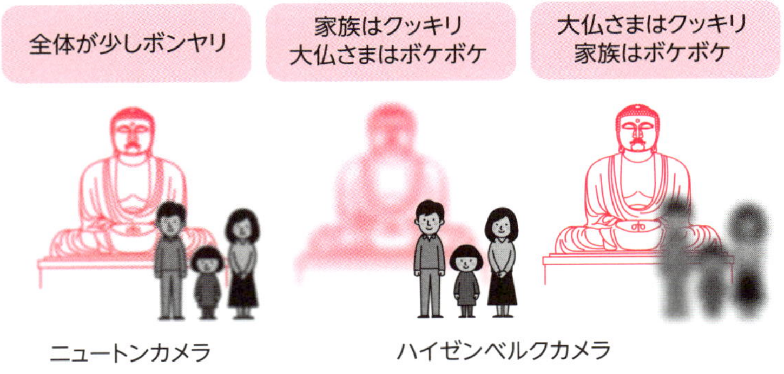

b 山手線の電車

2つの量というとき、科学の場合にはもっぱら**位置と速度**のことを言います。

例えば、山手線を走る電車の位置と速度を考えてみましょう。

電車の管理局に行けば、山手線を走っている電車Aは現在、どの区間を時速何kmで走っているか、たちどころにわかります。つまり位置も速度も正確にわかります。それは、この電車が私たちの世界と同じ現実世界を走っているからです。

しかし量子化された仮想世界では違います。軌道の上を走る電車の位置を知ろうとすると、速度はわからなくなります。速度を知ろうとすると、電車の位置がわからなくなります。

例えば、L殻電子と言った場合、そのエネルギーは前節の図3-4-2から$E/4$と決まります。すると不確定性原理によって電子の位置はわからないことになります。

この不都合さを解決するために考え出されたのが**電子雲**です。

● 電子雲を写真に撮る

　1個の電子を写真に撮るなどということは不可能ですが、思考実験を行なってみましょう。

　1個の電子を持つ原子の写真を、原子核を中心に置いて何万枚も撮ってみましょう。それぞれの写真に電子は写っていますが、その位置は写真ごとに異なります。

　この何万枚の写真すべてを1枚に重ね焼きします。すると電子が存在した回数の多い部分は黒くなり、少ない部分は薄くなって、原子核の周りに雲のような濃淡が現れます。これが電子雲の図です。

　空に浮かぶ雲は何億個もの微小な水滴がつくったものですが、電子雲の場合には、<u>ただ1個の電子でも電子雲をつくることができる</u>のです。つまり電子を1個しか持たない水素原子でも、その電子は球状の電子雲をつくることができることになります。

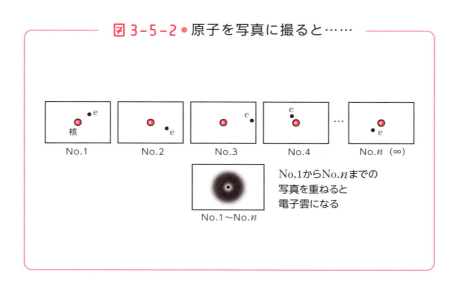

図3-5-2 ● 原子を写真に撮ると……

a 電子の存在確率

電子雲は正確に言うと、電子の存在確率を図式化したものです。存在確率というのは、1個の電子が、ある特定の場所で発見（検出）される確率はどのくらいか（何％か）ということを表わす数値です。

ですからこの数値を全部足すと（積分すると）電子の個数、つまり1になります。

したがって小さい電子雲は密度が高いので黒くなり、大きく広がった電子雲は密度が低いので薄い灰色になります。

電子雲は電子の存在確率を図式化したものですから、極大値が1個のものもあれば、2個、3個と複数個のものもあります。

複数個のものは、電子の存在確率の高い場所が何か所もあることを意味し、それだけ電子雲が複雑な形をしていることになります。

一般に量子数が大きくなるほど電子雲の形は複雑になります。

b 軌道の形

各軌道に入った電子が示す電子雲の形を軌道の形と言います。軌道は前述したようにs軌道、p軌道、d軌道などがあり、それぞれ特有の形をしていました。その形について解説しておきましょう。

s軌道は団子型です。p軌道は2個の団子を串に刺したみたらし団子型です。そして、3つあるp軌道の違いは串の方向です。すなわちp_x軌道の串はx軸方向を向き、p_y軌道の串はy軸方向を向いているという具合です。

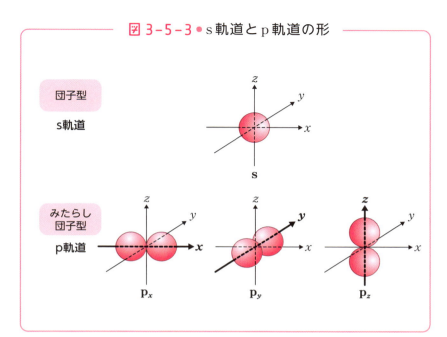

図 3-5-3 ● s軌道とp軌道の形

りょうしの世界の窓

軌道の形

　私たちは習慣的に「軌道の形」「軌道のエネルギー」と言います。それは、「軌道は固有の形やエネルギーを持っており、その軌道に入った電子は自動的にその形となり、そのエネルギーを持つことになる」と言っているようです。

　はたしてそうでしょうか？ 2p軌道がみたらし団子型なのは、2p軌道に入っている電子雲の形がみたらし団子型だからです。では、電子の入っていない、カラッポの2p軌道はどんな形なのでしょう？

3-6 電子配置にはルールがある

―― パウリとフントの原理

　原子の構造とも言うべき電子構造は、「**電子がどの軌道にどのように入っているか**」ということです。これを原子の「**電子配置**」と言います。

　電子は電子殻に入りますが、さらに軌道に分かれて入ります。学校に喩えれば、電子殻は学年、軌道はクラスのようなものです。同じ学年でも理系、文系などいろいろなクラスがあります。s軌道は総合系、p軌道は理系というような感じです。

　電子はどの軌道にでも自由に入れるわけではありません。軌道に入るには守らなければならない約束があります。クラス分けの際のルールのようなものです。

● 電子が軌道に入るときの「パウリとフントの原理」

　電子が軌道に入るときには2つ規則があります。それは**パウリ**※と**フント**※という2人の物理学者によって発見された「**パウリとフントの原理**」です。

　両方まとめて簡単に言うと次のようになります。

a 電子スピン

電子は自転（**スピン**）しており、その方向は2通りあります。それぞれに「**スピン量子数**」$s = +\frac{1}{2}$、$-\frac{1}{2}$ が対応します。通常、それぞれを上下向きの矢印で表わします。

電子はスピンしていると言いましたが、実は電子はスピンなどしていません。ただ原因は何かわかりませんが、電子に2つの異なるエネルギー状態があることは確かです。それで、その状態をわかりやすく表現するためにスピンという言葉を用いた、ということです。

ですから、$s = +\frac{1}{2}$ が右回転だとか、$s = -\frac{1}{2}$ が左回転だとかいうことはありません。

b パウリの排他原理

1個の軌道に2個の電子が入るときには、自転の向きを互いに逆にしなければなりません。

c フントの規則

電子はできるだけ別々の軌道に1個ずつで入り、スピンの向きを揃えようとします。

上の2つの規則を軌道への入室規則としてまとめると、次のようになります。

原理① 電子はエネルギーの低い軌道から順に入る。

原理② 1個の軌道には2個まで入ることができる。1個の軌道に2個の電子が入るときにはスピンを逆にしなければな

らない。

原理③ 1個の軌道には2個以上入ることはできない。

原理④ 軌道エネルギーが等しい場合には、別々の軌道にスピンを揃えて入る。

※**ヴォルフガング・パウリ**（1900〜1958）：オーストリア生まれの物理学者。スピンの理論や現代化学の基礎となる「パウリの排他律」の発見などで知られる。1945年にノーベル物理学賞を受賞。
※**フリードリッヒ・フント**（1896〜1997）：ドイツ生まれの物理学者。量子論、原子・分子のスペクトル構造に関して大きな貢献をしている。

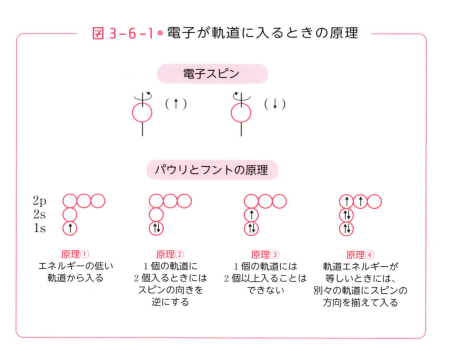

図 3-6-1 ● 電子が軌道に入るときの原理

● 電子配置の実際

　図3-6-1の原理はそれだけ見ていてもよく理解できません。実際に電子を入れてみましょう。原子番号の順に入れて、結果を図3-6-2に示します。

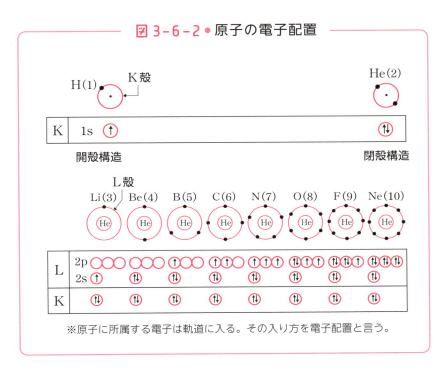

図 3-6-2 ● 原子の電子配置

※原子に所属する電子は軌道に入る。その入り方を電子配置と言う。

　元素記号の後ろの括弧は原子番号です。

・**H（1）**：1個の電子は、原理①にしたがって1s軌道に入ります。
・**He（2）**：2番目の電子は原理①、②にしたがって1s軌道に入り、スピン方向を逆にします。

　これでK殻は定員一杯になりました。

　このように定員の埋まった電子構造を**閉殻構造**と言い、特別の安定性を持ちます。これに対してH（1）のように定員が埋まっていないものを**開殻構造**と言います（図3-6-2）。

　また、1個の軌道に1個しか入っていない電子を**不対電子**、2個入った電子を**電子対**と言います。

・**Li（3）**：リチウムではK殻とL殻に電子が入りますが、電子の

入っている軌道のうち、もっとも外側の軌道を**最外殻**、そしてそこに入っている電子を「**最外殻電子**」、あるいは「**価電子**」と言います。

　価電子は次節で見るように、原子の性質、反応性を決定する重要な電子です。

・**Be（4）**：ベリリウムでは、最外殻の 2s 軌道に電子対が入っています。このように価電子がつくる電子対を、特に**非共有電子対**と言います。

・**C（6）**：炭素では 2p 軌道に 2 個の電子が入ります。このようなとき、2p 軌道の電子は 1 個の軌道に 2 個の電子が入るのではなく、2 個の軌道に 1 個ずつ入り、スピン方向を揃えるようにします。

・**N（7）**：窒素では 2p 軌道に 3 個の電子が入りますが、炭素の場合と同じように、3 個の電子は別々の軌道に分かれて入り、互いにスピンの方向を揃えるようにします。

・**Ne（10）**：ネオンでは K 殻、L 殻とも電子で満杯になった閉殻構造となって安定化しています。

3-7 何が原子の物性と反応性を支配しているのか

── 最外殻電子・価電子の役割

　原子の電子構造（電子配置）がわかると、原子の構造と原子の物性、反応性の関係を極めて素直に理解することができます。

● **原子の物性を支配する要素とは**

　これまで繰り返し述べてきたように、原子の物性、反応性を支配するのは電子雲です。

　ところで、原子の物性を観測、測定するとはどういうことでしょうか？

　日常生活を例にとって考えてみましょう。

　街に出るとたくさんの人が歩いています。ある人はスーツ、ある人はセーター、ある人はシャツ姿です。衣服の色も黒、白、灰色、赤、青、緑といろいろです。

　この人たちを識別するとき、私たちは「青いスーツの人」とか、「赤いシャツの人」とか、「白い半そでシャツの人」とか、もっとも目立つ特色で識別します。そしてその「もっとも目立つ特色」というのは、いちばん外側に着ている衣服なのです。

　原子を観察するときも同じです。原子を観測器で観察する場合、

まず観察されるのは「原子のいちばん外側」です。

原子のいちばん外側とは何でしょう？　それは電子雲の外側部分です。つまり最外殻に入っている電子、「**最外殻電子、価電子**」なのです。これが、原子の物性を支配するのは「最外殻電子、価電子である」と言われる理由なのです。

● 原子の反応性を支配する要素

それでは化学反応はどうでしょう？

2個の原子が反応するということは、簡単に言うと2個の原子が衝突することです。その衝突は自動車の衝突と似ています。衝突した原子が互いに擦れ合い、凹み、変形し、融合し、ときに合体するのが化学反応です。

このような変形が起こるのは自動車のどの部分でしょうか？　言うまでもなく、衝突した箇所、すなわち自動車のいちばん外側の部分です。ここが凹んでから、その影響が内部に伝わっていきます。

原子も同じです。衝突の影響を最初に受けるのは電子雲であり、その電子雲の中でも、もっとも外側にある電子、つまり最外殻に入っている電子、そしてもっともエネルギーの高い軌道に入っている電子、**価電子**なのです。

これは非常に大切なことです。原子の物性や反応性にだけ当てはまることではありません。後にわかるように、分子の物性や反応性に関しても同じなのです。

第4章

分子構造を量子論的に見る

4-1 水素原子の軌道と水素分子の軌道
―― 波動関数

　分子は原子が化学結合してできた原子集団であり、化学結合はそれ自体が素粒子である電子の働きによってつくられています。

　分子は一般に化学反応しやすい物体であり、その化学反応はまた電子の働きによるものです。

　このように、**分子は素粒子である電子の性質、挙動がストレートに伝わってくる科学媒体**と言うことができるでしょう。

● 水素原子の電子密度と波動関数 φ（ファイ）

　原子をつないで分子にする化学結合には、**共有結合**、**イオン結合**、**金属結合**、**水素結合**などいろいろな種類がありますが、共有結合以外は、簡単に静電引力、つまり電磁気力で説明できます。

　しかし、共有結合は量子論の助けを借りないとスッキリと説明できません。ここでは、共有結合でできた最小でもっとも簡単な分子である水素分子 H_2 を例にとって、共有結合を見てみましょう。

a 共有結合とは

　原子が持っている電子軌道、つまり 1s 軌道、2s 軌道、2p 軌道

などを一般に**原子軌道**と言います。

　原子軌道には、①1個の電子（不対電子）が入った軌道、②2個の電子（電子対）の入った軌道、③電子の入っていない軌道（**空軌道**）の3種があります。

　共有結合は原子が軌道を重ねてつくる結合です。ただし、共有結合をつくることのできる軌道は、原則として①の不対電子の入った軌道に限られます。

　このような軌道が2個重なってできた新しい軌道（結合性軌道）に2個の電子が入ることによってできた結合が、共有結合になります。この電子のことを**結合電子（雲）**と言います。

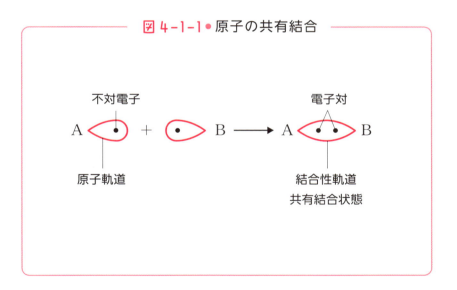

図 4-1-1 ● 原子の共有結合

b 水素原子の電子密度

　図 4-1-2 のⒶは、水素原子の模式図です。電子雲でできた丸い球の中心に原子核が入っています。

　水素原子の電子雲をつくる電子は、1s軌道に入った1個の電子

であり、素粒子である電子1個で雲のような球体ができているのは、この球体が電子の存在確率を表わしているからです。

Ⓑはその存在確率をグラフ化したものです。中心($r=0$)で最大であり、周辺に行くと少なくなっています。

Ⓒ 水素原子の波動関数

量子論によれば、水素原子の電子の挙動は波動関数 φ（ファイ）で表わすことができ、その存在確率は波動関数の2乗(φ^2)で表わされることがわかっています。

ということで、図4－1－2Ⓑの φ^2 から波動関数 φ を推定すると、Ⓒの2個の関数が浮かび上がります。

C－1は正の関数、C－2は負の関数ですが、どちらも2乗すれば φ^2 となって、正の関数になります

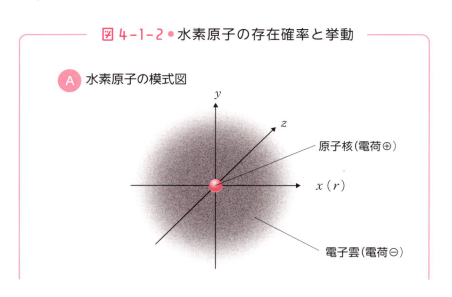

図4-1-2 ● 水素原子の存在確率と挙動

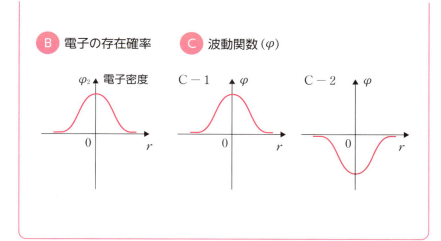

●水素分子の波動関数 ψ（プサイ）

水素分子 H_2 は 2 個の水素原子 H^1 と H^2 からできています。それぞれの水素原子の波動関数を φ_1、φ_2 とすると、水素分子の波動関数として図 4 − 1 − 3 Ⓓ の ψ_b と Ⓔ の ψ_a ができます。

ψ_b、ψ_a は原子ではなく、分子を表現する軌道なので、特に「**分子軌道**」と呼ばれることがあります。それと区別するため φ は「**原子軌道**」と呼ばれることもあります。

それぞれの水素分子の波動関数を 2 乗したもの、つまり水素分子の**電子密度**を図 4 − 1 − 3 D − 1 と E − 1 に示しました。

ψ_b からできた電子密度は、2 個の水素原子のあいだに電子雲が存在します（D − 1）。この電子雲は一般に**結合電子雲**と呼ばれ、2 個の原子を結合させる働きがあります。

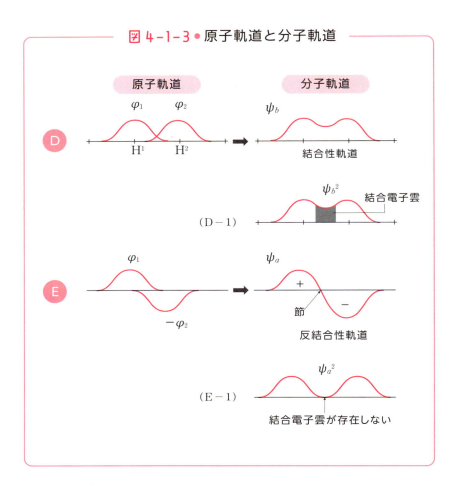

図 4-1-3 ● 原子軌道と分子軌道

　ところが、ψ_a からできた電子密度では、原子のあいだに結合電子雲がありません（E-1）。ということは、この電子雲は原子を結合させる働きがないことを意味します。

　このようなことから、ψ_b を**結合性軌道**（bonding orbital）、ψ_a を**反結合性軌道**（antibonding orbital）と呼びます。

　このように、<u>分子軌道として結合性軌道と反結合性軌道という2種の軌道を示したことは、量子論が化学にもたらした最大の功績</u>の1つと言ってよいでしょう。

4-2 簡単に求められる水素分子の結合エネルギー
── 軌道相関図

　原子と原子を結合させるためのエネルギーを**結合エネルギー**と言います。もう少しわかりやすく言いましょう。

　2個の原子からなる系のエネルギーは、原子が結合すると低下します。結合する前と結合した後を比べて、後のほうの安定化した分のエネルギーを結合エネルギーと言うのです。

● 分子軌道エネルギーと原子間距離

　図4-2-1は、水素分子の2個の分子軌道、結合性軌道ψ_bと反結合性軌道ψ_aの軌道エネルギーと、2個の水素原子間の距離rとの関係を示したものです。

　図の横軸は原子間距離で、rは水素分子における原子間距離、つまり結合距離です。縦軸は軌道エネルギーEです。

　基準は水素原子の1s軌道エネルギー（$E=\alpha$）としてあります。

　原子、分子のエネルギーは負（マイナス）にとる約束ですので、図の下部ほど低エネルギー、つまり安定であることを意味します。

　結合性軌道は原子間距離が短くなると、エネルギーは低下します。そして結合距離$r=r_0$で極小となった後、上昇に転じます。これ

は結合距離がr_0となった分子状態が最低エネルギーでもっとも安定であることを示しています。2個の原子がそれ以上近づくと、今度は原子核間の静電反発が起きて不安定化するのです。

それに対して**反結合性軌道**は安定化することなく、最初から最後まで上昇を続けます。これは、反結合性軌道は結合形成に貢献することがないことを示すものです。

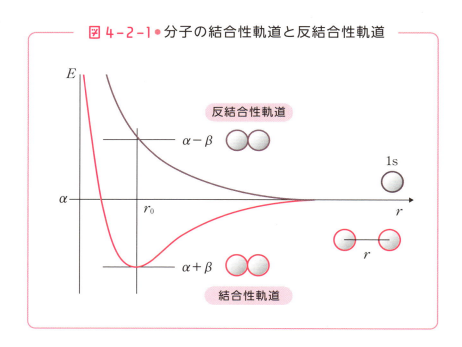

図 4-2-1 ● 分子の結合性軌道と反結合性軌道

● 水素分子の軌道相関図

図 4-2-2 は、図 4-2-1 の結合距離 r_0 における結合性軌道と反結合性軌道の**軌道エネルギー**を表わしたものです。

この図で β はエネルギーを表わしますが、α と同じように負の値です。したがって $\alpha + \beta$ のほうが $\alpha - \beta$ より下方、つまり低エネルギーとなります。

この図は、$E = \alpha$ だった 2 個の水素原子 H の 1 s 軌道が、分子になると結合性軌道と反結合性軌道の 2 個の軌道に分裂し、結合性軌道はエネルギー β だけ安定化し、反結合性軌道は β だけ不安定化していることを示しています。

　このような図を一般に**軌道相関図**と言います。

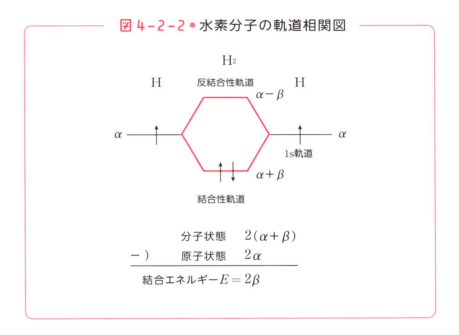

図 4-2-2 ● 水素分子の軌道相関図

a 原子と分子の電子配置

　図 4-2-2 で、軌道エネルギーを表わす水平線の上に矢印が書いてありますが、これは電子を意味します。分子軌道における電子の収容規則は原子における場合の規則と同じです。

　つまり、電子はエネルギーの低い軌道から順に入り、1 個の軌道の収容定員は 2 個です。

　この結果、原子状態ではそれぞれの 1 s 軌道に 1 個ずつの電子が

入っていますが、分子になるとエネルギーの低い結合性軌道に2個の電子が入ることになります。反結合性軌道に入る電子はなく、軌道は空のままです。

b 水素分子の結合エネルギー

ここで、原子状態と分子状態の電子のエネルギーを比べてみましょう。

分子状態では、$E = \alpha + \beta$ の軌道に2個の電子が入っているので、合計 $2\alpha + 2\beta$ です。

ところが原子状態では、$E = \alpha$ の2個の軌道に1個ずつの電子が入っているので合計 2α です。

両者を比べると、分子状態のほうが 2β だけ安定化しています。したがって、**水素分子の結合エネルギーは 2β である**、ということになります。

本章の解説は、量子論から発展した量子化学の解析手法の中の「**分子軌道法**」という手法に基づくものです。このように分子軌道法では分子の軌道関数(ψ)、エネルギー（α、β）、結合エネルギー（β）などを原子の軌道関数(φ)、エネルギー（α）を用いて算出します。

その結果、分子のほぼすべてを単純で明快な形で提示することができます。このようなことは量子論誕生以前には考えられなかったことですし、これからの化学は量子論なしでは成り立たないでしょう。

量子論の輝かしい成果と言うことができるでしょう。

同じ原子からできている分子の結合エネルギーは？

―― 等核二原子分子

　水素分子H_2、酸素分子O_2、窒素分子N_2などのように、2個の同じ原子からできた分子を、一般に**等核二原子分子**と言います。

　量子論を使うと、水素分子の結合エネルギーは前節のように簡単にわかりやすく理解でき、計算することができるのです。これは量子論の勝利と言ってよいでしょう。

　それだけではありません。水素分子イオンの結合エネルギー、あるいはヘリウム分子ができない理由なども明確に簡単に計算、説明できるのです。

● 水素分子陽イオン H_2^+ の結合エネルギー

　電荷を持たない中性分子の結合エネルギーは水素分子などの例で見たとおりですが、変則的な分子イオンの結合エネルギーも同じように計算できます。

　例を見てみましょう。

　水素分子陽イオンH_2^+は、水素分子から1個の電子が外れてできたイオンです。このイオンの結合エネルギーを計算してみましょう。

これは簡単です。軌道相関図は水素分子の相関図そのものを使うことができます。

　ただし、軌道に収容される電子の個数が異なります。水素分子陽イオンは、2個の電子を持つ水素分子から1個の電子が脱離したものですから、残った電子は1個だけです。この電子はエネルギーの低い結合性軌道に入ります。

　したがって図4－3－1に示したように、このイオンの結合エネルギー E は β となります。

　結合エネルギーが存在するということは、このイオンが存在できることを意味します。ただし、結合エネルギーは水素分子の半分です。このことから、

・この分子は不安定であり
・結合距離は水素分子より長いであろう

ということは容易に想像できます。

図4－3－1● 水素分子陽イオンの H_2^+ 結合エネルギー

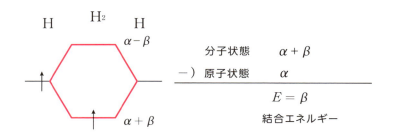

● ヘリウム原子Heはなぜヘリウム分子をつくらないのか？

水素原子は2個が結合して水素分子H_2になるのに、ヘリウム原子Heは結合してヘリウム分子He_2になることはありません。

なぜでしょうか？

これも簡単なことです。図4-3-2の軌道相関図Ⓐはヘリウム分子の相関図ですが、水素の場合と同じです。

ただし、ヘリウム原子の1s軌道は水素の1s軌道とは違いますから、α、βの値は水素の値と異なってきますが、そのようなことは枝葉末節です。水素の軌道相関図で考えて何の問題もありません。

水素とヘリウムの違いは電子数の違いです。水素原子は1個ですが、ヘリウム原子は2個持っています。したがって、もしヘリウム分子ができたとすると、2個の分子軌道に4個の電子が入らなければなりません。

図 4-3-2 ● ヘリウムとヘリウム分子陽イオン He_2^+

この結果、ヘリウム分子では、結合性軌道だけでなく、反結合性軌道も電子で満杯になります。

　つまり、分子状態でも原子状態でも、電子エネルギーはともに 4α となり、結合エネルギーが現れません。このようなことで、ヘリウム分子はできないのです。

　ただし、ヘリウム分子から電子が1個外れたヘリウム分子陽イオン He_2^+ はどうでしょうか？

　このイオンの電子配置は図4－3－2Ⓑに示しておきました。図から明らかなように、β だけ結合エネルギーが発生します。ということは、このイオンは存在する可能性があることになります。

　なお、この電子配置は水素分子陰イオン H_2^- の電子配置と同じです。ということは水素分子陰イオン H_2^- も存在する可能性があるということになります。

りょうしの世界の窓
水素分子陽イオン

　水素分子陽イオン H_2^+ は、宇宙線と水素分子との相互作用によって形成されるため、星間物質の研究で重要視されています。

　高速で飛び回る宇宙線の電子は水素分子の電離を引き起こし、水素分子陽イオンを形成します。また、より低エネルギーの宇宙線陽子も中性の水素分子から電子を奪い、水素分子陽イオンを形成します。

　水素分子陽イオンは水素分子と反応して正三角形のプロトン化水素分子 H_3^+ を形成することが知られています。

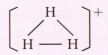

混成軌道は原子軌道の再編成
── sp³ 混成軌道

　炭素原子Cを構成要素として持つ分子を、一般に**有機分子（有機化合物）**と言います。

　炭素原子は分子をつくるときに、s軌道、p軌道ではなく、**混成軌道**を使います。というより、有機分子の結合を考える場合には混成軌道を使うのが便利であり、ほとんどすべての有機化学者は混成軌道を使って考えていると言ったほうが正しいかもしれません。

● 新たな再編成軌道

　混成軌道とは、**複数種類、複数個の原子軌道を再編成（混成）してつくった新たな再編成軌道（混成軌道）**のことを言います。

　混成軌道の説明にはハンバーグを用いると便利です。ここでもその説明でいきましょう。

　豚肉のハンバーグの価格を1個100円としましょう。このとき松阪牛使用のハンバーグは300円だったとします。

　4人家族なので松阪牛ハンバーグを4個買いたかったのですが、売り切れていて3個しかありません。仕方なく松阪牛ハンバーグ

3個と豚肉ハンバーグ1個を買って、これらを混ぜて合挽きハンバーグにすることにしました。

もちろん、豚肉ハンバーグがs軌道、松阪牛ハンバーグがp軌道です。そして合挽きハンバーグが混成軌道です。この場合はs軌道が1個、p軌道が3個からできた混成軌道なので**sp³混成軌道**と言います。

さて、合挽きハンバーグ1個の価格はいくらになるでしょうか？言うまでもなく$(300 \times 3 + 100)/4 = 250$で1個250円です。

この価格は各混成軌道のエネルギーを反映しています。つまり、混成軌道の軌道エネルギーは、**軌道混成に関与した原料軌道の軌道エネルギーの(加重)平均**なのです。

合挽きハンバーグは混成原料を4等分したのですから、重さは4個みな同じです。また形も一応、ハンバーグですからすべて同じです。

この喩えは混成軌道にも当てはまります。sp³混成軌道は4個あり、すべて同じ形で同じエネルギーなのです。

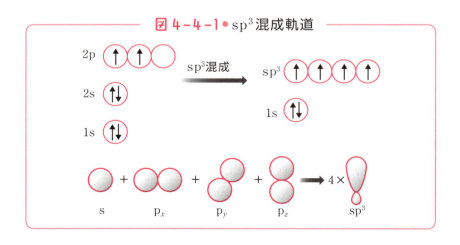

図 4-4-1 ● sp³混成軌道

図4-4-1にsp³混成軌道の形、電子配置を示しました。

大切なのは図4-4-2に示したように、<u>4個のsp³混成軌道が互いに109.5度の角度で交わり、その結果、正四面体型を形成している</u>ことです。4個のL殻電子は4個の混成軌道に1個ずつ入ります。

● sp³混成軌道の結合

sp³混成軌道を使った代表的な分子はメタンCH_4です。メタンではCの4個のsp³混成軌道にHの1s軌道が重なります。

Cの混成軌道に入っている1個の電子と、Hの1s軌道の1個の電子が一緒になって結合電子になるので、この結合は共有結合です。

この結果、C－H結合の角度は混成軌道の角度と同じ109.5度となり、メタンの形は正四面体型となります。これは海岸に並ぶ消波ブロックのテトラポッドに似た形です。

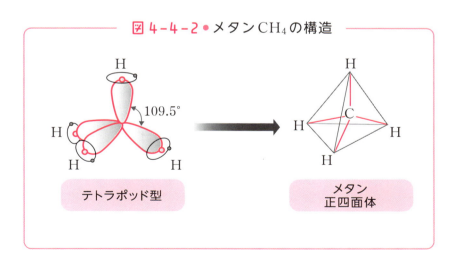

図4-4-2 ● メタンCH_4の構造

4−5 「何重結合」と「σ結合・π結合」の関係は？
── シス−トランス異性体

共有結合は複雑な結合です。よく知られているように共有結合には**一重結合、二重結合、三重結合**などがありますが、その他に**σ（シグマ）結合、π（パイ）結合**なども存在します。そして、何重結合と言われる結合は、σ結合とπ結合の組み合わせになっているのです。

「何重結合」という術語と「σ結合、π結合」という術語のあいだには密接な関係があります。以下の文章はその点に注意してお読みください。

● C＝C二重結合をつくる炭素のsp²混成軌道

有機化合物の性質、反応性に大きな影響をもたらすのはC＝C二重結合です。そのC＝C二重結合をつくる軌道が炭素の**sp²混成軌道**です。

sp²混成軌道は1個の2s軌道と2個の2p軌道からできた混成軌道で「全部で3個」あり、それぞれは同一平面上に互いに「120度の角度」で交わっています。

したがって図4−5−1のⒶに示したように、3個ある2p軌道のうち、混成軌道に使われるのは2個だけですから、1個は2p軌道

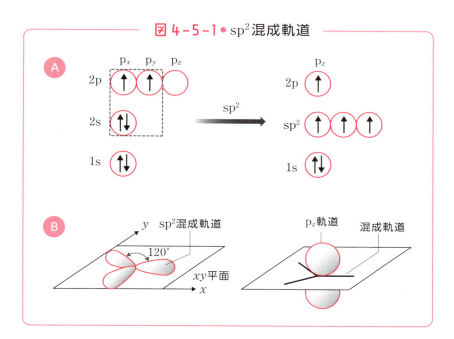

図 4-5-1 ● sp² 混成軌道

のまま残ります。

　実はこの**残った 2 p 軌道が二重結合にとって非常に重要な役割を演じる**ことになります。

　混成に関与した軌道がp_xとp_y軌道なら、これらの軌道を用いてつくったsp²混成軌道はxy平面上にあることになります。したがって、残っているp軌道はp_z軌道です。

　つまり、p_z軌道は混成軌道が乗るxy平面を垂直に貫いていることを意味します。この炭素をⒷに示しました。

● sp² 混成軌道の結合：σ 結合

　sp²混成状態の炭素がつくる典型的な化合物が、エチレン$H_2C=CH_2$です。エチレンのすべてのC-C、C-H結合はsp²混成軌道でできていますが、C-C間の結合だけは、その他にp_z軌道

でも結合しています。

このようにC＝C二重結合は、sp²混成軌道を使った結合とp_z軌道を使った結合の2種類で二重に結合しています。そのために二重結合と言われるのです。

図4-5-2はエチレンのすべての結合のうち、sp²混成軌道が関与しているものだけを抜き出したものです。全部で6個の原子はすべて同一平面上にあります。

C－H結合を見てみましょう。ここでCを固定して、Hを回転させても、結合には何の変化も現れません。このように**回転させても（ねじっても）変化の現れない結合**を**σ（シグマ）結合**と言います。

図4-5-2のC－C結合もσ結合ですし、先に見たメタンのC－H結合、水素分子のH－H結合もσ結合です。

この図のように、分子のσ結合部分だけを取り出したものを分子の**σ骨格**と言うこともあります。

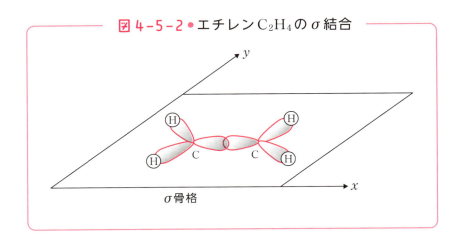

図4-5-2 ● エチレンC_2H_4のσ結合

σ骨格

● エチレンのπ結合

図4-5-3はσ結合部分に、炭素に残っている$2p_z$軌道を書き加えたものです。ただし、見やすいようにσ結合は直線で表わしています。

みたらし団子の形をした$2p_z$軌道のそれぞれの団子が、分子平面の上と下で互いに接していることに注意してください。これは2本のみたらし団子が横っ腹をくっつけて接着しているのと同じ状態です。

このような結合を**π（パイ）結合**と言います。π結合は軌道の重なりが少ないので、σ結合に比べて結合エネルギーが少なく、弱い結合です。

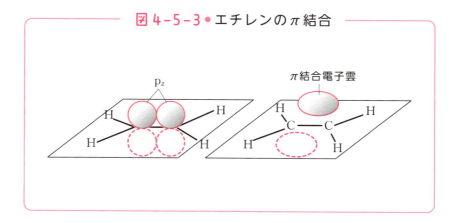

図4-5-3 ● エチレンのπ結合

● 結合回転できないシス-トランス異性体

エチレンのC＝C結合を回転すると、2本のみたらし団子の横っ腹は離れてしまいます。つまりπ結合は切れてしまうのです。

このように**π結合の特徴は、回転すると切れてしまう、つまり回転できない**ということです。二重結合はπ結合を含むことから、二

重結合も結合回転ができないことになります。

　そのため、図4−5−4の2つの化合物は、互いに異なる化合物ということになります。同じ原子が二重結合の同じ側に並ぶものを**シス体**、反対側にあるものを**トランス体**と言い、このような化合物を互いに**シス−トランス異性体**と言います。

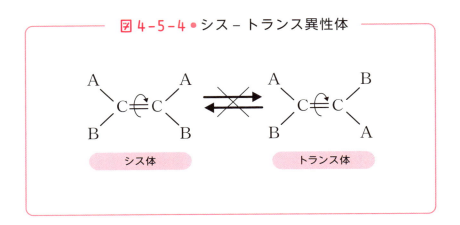

図4−5−4 ● シス−トランス異性体

● 共役二重結合と非局在π結合

　図4−5−5の化合物はブタジエンC_4H_6です。

　4個の炭素原子は1つおきに、二重結合、一重結合、二重結合というように、一重結合と二重結合が交互に並んでいます。このような結合を全体として「**共役二重結合**」と呼びます。

　図の右はブタジエンの構造のうち、炭素骨格の部分だけを抜き出したものです。

　4個の炭素原子はすべてsp^2混成ですから、各炭素の上にはp軌道が存在します。そしてこのp軌道は互いに横っ腹を接しています。つまり共役二重結合を構成する炭素は、すべてがσ結合とπ結合で結ばれているのです。

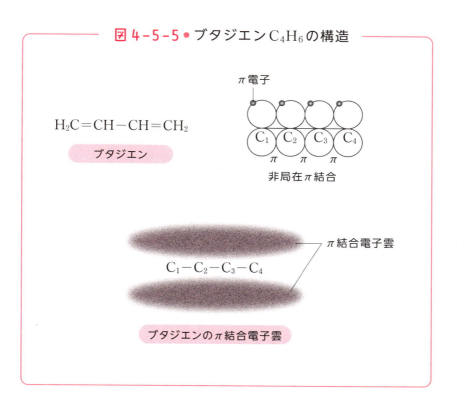

図 4-5-5 ● ブタジエン C_4H_6 の構造

　ということは、共役二重結合ではすべての炭素のあいだに π 結合電子雲が広がっていることになります。このような π 結合を、特に「**非局在 π 結合**」と呼びます。

　非局在 π 結合の両端が結合すると、**環状化合物**となります。このような化合物を一般に**環状共役化合物**と呼びます。有機化学の研究、工業に欠かせないベンゼンは代表的な環状共役化合物です。

　共役化合物は興味深い反応性を持っていますが、それを紹介するのは本書の範囲を超えます。参考のために、その一部として「ブタジエン誘導体」の反応について第 8 章でご紹介します。

りょうしの世界の窓

実態と空想

　世の中には実態と空想があります。実態は目で見、手で触れることができます。それに対して空想は見ることも触れることもできず、ただ頭の中で思い、想像しただけの幻に過ぎません。

　私たちは実態の世界に生きていると思いがちですが、本当にそうでしょうか？　私たちは実態の世界と空想の世界という二重構造の世界に生きているのではないでしょうか。

　科学は実態の世界を対象にした学問と思いがちです。しかし本当にそうなのでしょうか？　例えば、本書で述べていることはすべて事実なのでしょうか？　私たちは1個の原子を見ること、手に取ることはできるのでしょうか？

　残念ながらそれは不可能です。「不確定性原理」が不可能と言っています。原子を目で見るためには原子に光を当て、その反射光を目で受けなければなりません。光はエネルギーです。原子に光が当たったとたんに、原子は別の状態に変化しているのです。

　s軌道、p軌道、d軌道の形を示しましたが、誰もそんなモノ（失礼）を見た人はいません。ただ、シュレーディンガーの方程式を解くとそのような形が浮かび上がるのです。そしてその式と軌道を用いて原子、分子の物性、反応を予言すると、ビックリするほど当たるのです。

　量子論とはそのような理論です。何だか知らないけれど実験という事実とよく一致するのです。シュレーディンガー方程式で得られた波動関数に適当な演算を施すと、その答えがまた実験結果とよく一致します。ただし、その答えがどのような実験のどのような結果と一致するかは、研究者が考え、判断、「解釈」しなければなりません。第8章197ページで紹介する「ウッドワード・ホフマン則」はそのような「解釈」の成功例の1つです。

　量子論では波動関数が実態（原子、電子、分子）の代理を務めていると考えればよいのでしょう。この代理がいつまで通用するのかは知りませんが、まだ破綻したとの話は聞いていません。まだしばらく量子論は第一線で活躍し続けそうです。

第5章

素粒子から原子核構造を見る

5-1 原子の構造と原子核の構造

―― 原子雲・原子核と陽子・中性子

　原子は**電子雲**という軽くてフワフワした（密度が小さい）部分と、それに囲まれるように存在する小さくて重い（密度が大きい）粒子からできています。この小さくて重い粒子を**原子核**と言います。

　原子を構成する電子（雲）は、自分自身が 1 個の素粒子ですが、原子核は素粒子ではありません。

　電子と原子核は両方とも固有の反応をします。しかし原子核の反応は**原子核反応**と言われ、特殊で、滅多に起きず、その代わり起きると莫大なエネルギーを発することから、普通の化学では扱いません。

　それに対して普通の化学反応は、電子（電子雲）だけが起こすものであり、原子核は一切関与しません。

　高校の化学では原子や電子のことは教えますが、原子核についてはほとんど触れません。それは、原子の性質や化学反応のすべては電子の挙動によるものであり、原子核は、いわゆる「化学反応」にはまったくと言っていいほど関与していないからです。

● 原子核の大きさは原子の1万分の1

　原子は非常に小さいものです。原子とピンポン玉の直径の比は、ピンポン玉と地球の直径の比とほぼ同じです。

　しかし、原子核は原子よりさらに小さいものです。その直径は原子のおよそ1万分の1です。すなわち、原子核の直径を1cmとすると、原子の直径は1万cm、つまり100mになってしまうのです。

　東京ドームを2つ貼り合わせた巨大ドラ焼きを原子とすると、原子核はピッチャーマウンド上に転がるビー玉くらいの大きさしかありません。

　しかし、**原子の重さの99.9%は原子核の重さ**です。原子核を重くて小さいと言ったのはこのような理由からです。

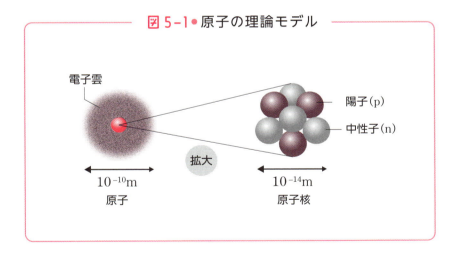

図 5-1 ● 原子の理論モデル

● 原子核をつくるもの

　原子が電子雲と原子核からできているように、原子核もいろいろなものからできています。

　ここでは、原子核をつくる主なものとして、**陽子**(記号p)と**中性**

子（記号 n）をあげておきましょう。

　陽子と中性子はまとめて核子と呼ばれることもありますが、素粒子ではありません。陽子と中性子はともに3個ずつの素粒子、つまりフェルミ粒子であるクォークが集まってできたものです。クォークは電荷を持っており、その値はアップクォーク $= +\dfrac{2}{3}$、ダウンクォーク $= -\dfrac{1}{3}$ ですから、陽子と中性子の電荷はそれぞれ以下のようになります。

・陽子：2個のアップクォーク + 1個のダウンクォーク

$$2 \times \dfrac{2\,\mathrm{e}}{3} - \dfrac{\mathrm{e}}{3} = \mathrm{e}\,（電荷 = 1）$$

・中性子：1個のアップクォーク + 2個のダウンクォーク

$$\dfrac{2\,\mathrm{e}}{3} - 2 \times \dfrac{\mathrm{e}}{3} = 0\,（電荷 = 0：中性）$$

　このように、陽子と中性子では互いに素粒子の種類は異なりますが、両者の重さはほぼ同じです。これを質量数 A がともに 1 であると表現します。

　しかし、電荷に関しては陽子と中性子ではまったく異なります。1個の陽子は +1 の電荷を持っていますが、中性子は電荷を持たず、電気的に中性です。

　そして陽子と中性子を引きつけ合わせるのはグルーオンというゲージ粒子になります。

5-2 原子核をどう表現するか

—— 原子番号・質量数・同位体

原子を表わす記号に元素記号がありました。同様の記号が原子核にもあります。ただしそれは、元素記号に添え字をつけただけのものです。

● 原子番号Zと質量数A

原子核を構成する陽子の個数を、その原子の「原子番号」と言い、記号Zで表わします。ですから原子番号Zの原子の原子核は、電気的に+Zに荷電していることになります。

そして原子は、原子番号と同じ個数の電子からできた電子雲を持っています。1個の電子の電荷は−1ですから、原子番号Zの原子の電子雲の電荷は−Zとなります。したがって原子は、原子核の電荷と電子雲の電荷が相殺され、電気的に中性になるのです。

一方、陽子と中性子の個数の和を「質量数」と言い、記号Aで表わします。したがって、質量数から原子番号を引けば中性子数になります。

原子番号は元素記号の左下、質量数は元素記号の左上に小さい添え字で書く約束になっています。

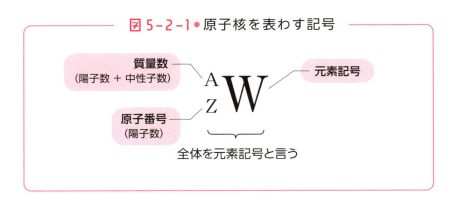

図 5-2-1 ● 原子核を表わす記号

　つまり、^3H だとか ^{131}I だとか ^{235}U だとかの、元素記号の左上の数字は質量数です。

　普通の化学のように、原子の化学反応を扱うときには原子番号Ｚが重要になります。しかし、**原子核の反応を扱う場合には質量数が非常に大きな役割を果たす**ことになります。

　元素記号がわかれば原子番号は自明です。しかし、同じ元素に属する原子でも、質量数の異なる原子があり、原子核反応ではこの質量数が非常に重要な役割を演じます。そのため**元素記号には質量数は明記しますが、原子番号は省略するのが普通**です。もし知りたければ周期表を見てください。

● 同位体の化学的性質はまったく同じ

　原子番号Ｚが同じで質量数Ａが異なるものを、互いに「**同位体**」と言います。

　原子核は重くてズッシリとして、いかにも原子の主のような顔（?）をしていますが、実は原子の性質や反応性を支配するのは、原子核ではなく電子なのです。ですから、**原子番号の同じ同位体は、同じ電子雲を持つことになり、その化学的性質はまったく同じ**です。

例えば、水素は原子番号が1ですが、3種の同位体があります。すなわち、質量数1（中性子数0個）の(軽)水素^{1}H、質量数2（中性子数1個）の重水素(デューテリウム)^{2}H（D）、そして質量数3の三重水素(トリチウム)^{3}H（T）の3種です。

普通の水素の中には、この3種の水素が特定の割合で混じっています。

これら水素の3種の同位体の化学的性質や化学反応性はまったく同じです。したがって化学的性質の違いを使ってこれらの同位体を分離することはできません。

しかし、^{1}Hと^{2}Hでは重さが2倍違いますから、物理的な性質、すなわち**運動速度や結合の振動強度などは違ってきます**。そのため、このような運動性を利用して分離することは可能です。

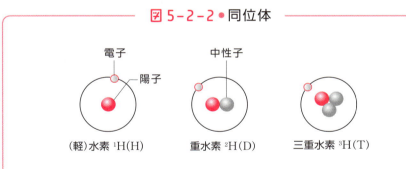

図5-2-2●同位体

元素名	水素			炭素		酸素		塩素		ウラン	
記号	^{1}H(H)	^{2}H(D)	^{3}H(T)	^{12}C	^{13}C	^{16}O	^{18}O	^{35}Cl	^{37}Cl	^{235}U	^{238}U
陽子数	1	1	1	6	6	8	8	17	17	92	92
中性子数	0	1	2	6	7	8	10	18	20	143	146
存在度 [%]	99.98	0.015		98.89	1.11	99.76	0.20	75.53	24.47	0.72	99.28
原子量	1.008			12.01		16.00		35.45		238.0	

5-3 原子核の構造はどこまでわかっているか

── 原子核物理学の「魔法数」とは

原子は、1個の原子核と複数個の電子からなる力学系です。**原子核と電子のあいだに働く力は、異なる電荷に基づく力（化学では静電引力、素粒子論では電磁気力と言います）です。**

しかし量子論によれば原子核と電子のあいだには複雑な関係が生じ、その結果、原子は先に見たように複雑な電子構造となりました。

原子核も2種類の**核子**、すなわち複数個の陽子と複数個の中性子からなる力学系です。陽子と中性子も、単に素粒子グルーオンの力によって寄り集まって原子核をつくっているのではなく、何か、原子のような構造を持っているのではないでしょうか？

● 原子物理学の「魔法数」とは？

原子核が原子のような、何らかの構造を持っているのか、あるいは構造はなく、単に2種類の核子が寄り集まっているだけなのかは、誰しもが持つ疑問です。しかし20世紀中頃までは、原子核に構造はないと思われていました。

というのは、原子核に関する各種の実験が、この無構造モデルを支持していたからです。現に原子爆弾を完成した頃は無構造モデル

が全盛であり、そのモデルを前提に原爆がつくられ、一応の成功を
おさめました。

　しかし、その後、原子核の研究で「**魔法数(magic number)**」と
いう数字があることがわかりました。魔法数とは、原子核物理学に
おいて、原子核が特に安定となる陽子と中性子の個数のことを言い
ます。

　現在、広く承認されている魔法数は 2、8、20、28、50、82、
126 の 7 つで、原子番号がこれらにあたる元素は、原子番号が魔
法数の周辺にある元素に比べて多くの安定同位体を持つことが知ら
れています。

　中性子数が魔法数に該当する**同中性子体**についても同様です。

　例えば、原子核から 1 個の中性子を引き離すのに必要なエネル
ギーは、中性子数が各魔法数からそれぞれ 1 個増加したときに極
小となります。

　このような現象は、原子核が何がしかの構造を持っていなければ
現れないことです。ということで、現在は原子核にも構造があると
の説が有力ですが、その構造の詳細はまだ明らかにはなっていませ
ん。

● 原子核の可能な構造とは

　原子を構成する粒子のあいだに静電引力が働いたように、原子核
を構成する核子のあいだにも力が働きます。

　それはプラスの電荷を持つ陽子のあいだに働く**静電斥力**（反発す
る力）と、すべての核子のあいだに働く「**核力**」です。これらの条
件を基にいろいろな可能性を考慮すると、原子核の構造として次の

3種が浮かび上がります。

a 液滴モデル

液滴モデルとは、原子核を液体の雫として説明する説であり、原子核の結合エネルギーを合理的に説明することができます。

その基礎となる前提は、陽子と中性子を結びつける核力の到達距離が非常に短いということです。そのため核子は、同時には直接隣り合ったものどうししか相互作用がおよびません。

その結果、<u>核子の集合体は一種の液体と見なすことができる</u>ことになります。

この説では、原子核の**励起状態**(エネルギーの高い状態)は液体の表面振動の結果として解釈することができ、核分裂現象を液体の表面張力と**クーロン反発力**(2つの荷電粒子間に働く反発力)のバランスという観点から説明することができます。

しかし、魔法数を説明することは困難でした。

b αクラスターモデル

αクラスターというのは、後に見る放射線の一種であるα線に倣って名づけられたものです。

α線、αクラスターとはヘリウム原子核^{4}Heのことで、陽子、中性子各2個からつくられた核子集団です。つまり、Z＝2、A＝4の集団(クラスター)です。

このクラスターが2個集まれば、Z＝4、A＝8のベリリウム^{8}Beとなり、3個集まれば、Z＝6、A＝12の炭素^{12}Cとなります。さらに4個集まれば、Z＝8、A＝16の酸素^{16}Oとなります。

αクラスターモデルでは、原子核はこのようなクラスターがたくさん集まったものと考えます。

c シェルモデル

現在提出されているモデルの中で、もっとも構造的なものがこの**シェルモデル**(**殻構造**)です。

このモデルは、原子における電子殻と同様の構造を、原子核における核子(陽子、中性子)についても考えるものです。

そして、これまた電子殻の場合と同じように、殻が「閉じている」状態(閉殻)は安定性が高く、崩壊や核分裂が起きにくくなるとします。

計算によれば閉殻状態の核子の個数は、魔法数と一致することが明らかとなっています。

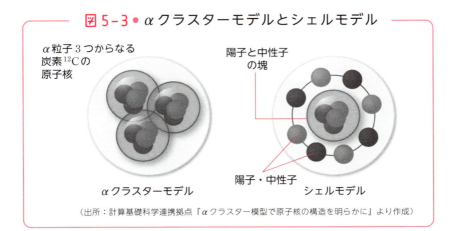

図 5-3 ● αクラスターモデルとシェルモデル

(出所：計算基礎科学連携拠点『αクラスター模型で原子核の構造を明らかに』より作成)

5-4 原子核の陽子と中性子を結びつける結合エネルギー

── 放射性同位体

　原子核は陽子と中性子からできています。そして、この両者をつなぎ合わせる**結合エネルギー**が存在します。結合エネルギーが大きければ原子核は安定であり、小さければ不安定と考えられます。

　図5-4-1のグラフは原子核の安定性を表わしたものです。図の縦軸はエネルギーです。ただし、このようなグラフの常として、結合エネルギーはマイナスで表わしてあります。

　すなわち、グラフの上部は結合エネルギーが小さく、下部は結合エネルギーが大きいのです。

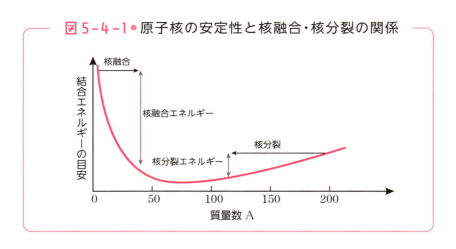

図5-4-1●原子核の安定性と核融合・核分裂の関係

なぜそんなわかりにくいことをしたのかというと、このようにすると、位置エネルギーと同じに考えることができるということです。つまり、グラフの上部にあるものは高エネルギーで不安定であり、下部にあるものは低エネルギーで安定なのです。

● 安定性の高い原子核の質量数

　このグラフの横軸は質量数 A になっています。そして極小を持っています。すなわち、いろいろな原子核の中でもっとも安定な原子核が存在するのです。

　その原子核とは質量数60近辺の原子です。これは鉄 Fe とかニッケル Ni の同位体に相当します。

　つまり原子核は質量数60程度のものがもっとも安定であり、水素（A ＝ 1 ）のようにそれより小さくても、またウラン（A ＝ 238）のように大きくても不安定なのです。

　このことが**核分裂**（原子爆弾や現在の原子炉）や**核融合**（水素爆弾や将来の核融合炉）がエネルギーを生産することができることの裏づけとなっています。

● 放射性同位体とは

　すべての原子核が**同位体**を持ちます。水素のような小さいものでも 3 種の同位体を持ちます。しかしそれは、地球上に存在する同位体の話で、宇宙全体では、水素の同位体の種類は 7 種類とも11種類とも言われます。

　同位体には、安定で自発的な原子核反応を起こさない同位体と、自発的に原子核反応を起こし「**放射線**」を放出して、別種の原子核

129

に変化する同位体があります。

前者を「**安定同位体**」、後者を「**放射性同位体**」と言います。

水素の場合、^{1}Hと^{2}Hは安定同位体ですが、^{3}Hは放射性同位体であり、**γ（ガンマ）線**という放射線（X線と同じ電磁波）を出してヘリウムHeの同位体^{3}Heに変化します。

a 同位体の安定性

同じ個数の陽子を持ち、原子番号Zが同じ原子でも、同位体によって中性子の個数が違い、質量数が異なります。そして質量数が異なると、図5−4−1のグラフでわかるように、原子核の安定性が異なってきます。

この安定性の違いが、放射性かどうかを分けるキーポイントになります。すなわち、不安定な同位体が放射性となり、放射性同位体と呼ばれることになるのです。

放射性同位体は、原子核が不安定なために、「放射線を放出して安定な原子核に変化しようとする原子核」ということになります。したがって同じ元素の中にも、同位体によって安定なものと不安定なものがあることになります。

水素では^{3}Hが放射性ですし、炭素でも^{14}Cが放射性であり、γ線を出して窒素^{14}Nに変化します。

b 質量数の大きい原子は不安定

一般に質量数の大きい原子は放射性であることが多く、そのために原子番号の大きい原子になると、すべての同位体が放射性というようなことになります。

その典型的な例が原子番号92を超える原子で、一般に**超ウラン元素**と呼ばれる一群の元素です。超ウラン元素には原子番号93のネプツニウムから、原子番号103のローレンシウムがあります。

図 5-4-2 ● 人工元素の超ウラン元素

これらの元素は大き過ぎるのです。そのために誕生してもすぐに小さくて安定な原子に分裂してしまうので、自然界には存在しません。周期表に載っている原子番号93から118までの元素は、人間が原子炉などを使って意図的につくり出した人工元素なのです。

したがって放射性同位体の寿命を表わす「**半減期**」は大変に短く、短いものでは1秒の何千分の1という短時間で壊れてしまいます。日本でつくり出した人工元素、ニホニウム^{278}Nhの半減期は0.24ミリ（0.00024）秒しかありません。

c 安定な放射性同位体もある？

これまで安定同位体と考えられてきたものが、実は放射性同位体であった、という例もあります。

ビスマス$_{83}$Biの同位体^{209}Biは安定同位体と思われていましたが、2003年にα崩壊することが発見されました。

崩壊によってα粒子（^{4}Heの原子核）を放出して、タリウムの同位体^{205}Tlに変換するのです。その半減期は何と約1.9×10^{19}年（1900京年）であり、これは現在推測されている宇宙の年齢（138億年）より10億倍以上も長いものです。

半減期がこれだけ長いと、変化を検出するのは容易なことではありません。将来、観測技術が向上したら、もしかしたら現在安定同位体と考えられている原子核の多くが、実は放射性であった、などということが起こるかもしれません。

りょうしの世界の窓

放射線の有効利用

放射線の有効利用を見てみましょう。

・X線撮影と放射線

X線は放射線の一種と考えることができます。X線撮影は明らかに放射線による外部被曝です。ただし、その被曝量は微々たるものであり、健康に問題が生じるようなものではありません。

・重粒子線とがん治療

最近注目されているのは、陽子や炭素C、ネオンNeなどの原子核を加速した**重粒子線**と言われるものです。これらはエネルギーと方向を注意深く制御することで、体内に達する方向と深さを制御することができます。これによってがん細胞を直接的に攻撃して撲滅してしまおうというわけです。

・食品保存

日本では食物の殺菌目的で放射線を用いることは禁止されていますので、食物の保存に利用することはできません。しかし、ジャガイモの保存には利用されています。

保存中のジャガイモが芽を出すと、その部分にソラニンという有毒物質が生産されます。そこでジャガイモに放射線を照射して芽を出す機能を喪失させるのです。

5-5 放射線にはどのようなものがあるか

—— α線・γ線・中性子線・陽子線の性質

　原子核が起こす反応を一般に**原子核反応**と言います。原子核反応に関連して「放射性物質」「放射線」「放射能」などという言葉が一般的に使われていますが、誤って使われていることが多いようです。念のために、おさらいしておきましょう。

● 放射能と野球の関係

　これらの言葉は、野球に喩えるとよくわかります。

　放射性物質、放射性原子、放射性同位体など、「放射性」が名前につくものは野球で言えばピッチャーです。ピッチャーはボールを投げます。打者がデッドボールをくらったら怪我をします。悪くすれば命を失います。このボールが「**放射線**」です。

　それでは「**放射能**」とは何でしょうか？　これはその名前のとおり「能力」です。何の能力かといえば、ピッチャーとしての能力です。つまり、「放射線」を出す能力なのです。

　したがって「放射性ナントカ」は、すべて放射能を持つことになります。能力ですから物質ではありません。したがって「**放射能そのもの」が人に危害を加えることはありません**。

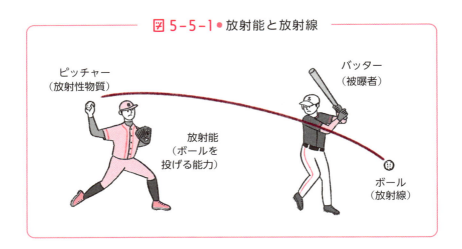

図 5-5-1 ● 放射能と放射線

● 放射線の種類

放射線は**放射性物質**が放射するもので、非常に危険ですが、目に見えません。体に当たっても（照射されても）、そのときは気づきません。被害は後で忍びよってきます。

放射線にはいくつかの種類があります。主なものを見てみましょう。

a α線

高速で飛ぶヘリウム ^{4}He の原子核（α粒子）です。よく知られた放射線の中ではもっとも大きく重いものです。

原子核反応の世界で高速というのは、新幹線の速さの何倍などというレベルではありません。光速の何分の1という速度です。

α粒子は大きくて重く、その上電荷を持っていますから、生体に対して大きな被害を与えます。

しかし同時に、防ぐことも簡単です。エネルギーにもよりますが、アルミ箔程度のものでも防ぐことができると言われます。

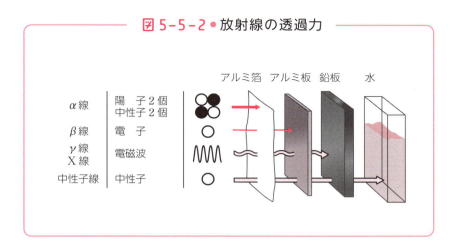

b β線

電子の高速な流れです。物質を透過する力は強くはないので、厚さ数 mm のアルミ板や厚さ 1 cm ほどのプラスチック板で防御できると言われます。

しかし、物質に当たる（衝突する）とX線を放出するので、その防御も必要になります。

c γ線

α線とβ線は粒子ですが、**γ線は電磁波**です。紫外線やX線と同じものですが、それよりはるかに高エネルギーで危険です。

電磁波のため透過力が強く、コンクリート、鉄、鉛板などで防御する必要があります。鉛がもっとも有効ですが、それでも10cmの厚さが必要と言われます。

d 中性子線

中性子の高速な流れです。中性子は電気的に中性なのですべての

物質中を素通り自由です。遮蔽するのは困難です。

　遮蔽するには厚さ1m以上の鉛板が必要とされますが、意外なことに、水が有効に遮蔽してくれます。そのため、後で見る原子炉の使用済み核燃料は、冷却も兼ねて水中プールに保管されます。

e 陽子線

　陽子の高速な流れです。医療現場でがんの治療などに使われる"有用な"放射線です。

　この他に炭素C、ネオンNeなどの原子核の高速流を**重粒子線**と言います。重粒子線はがんの治療などで最近注目されています。

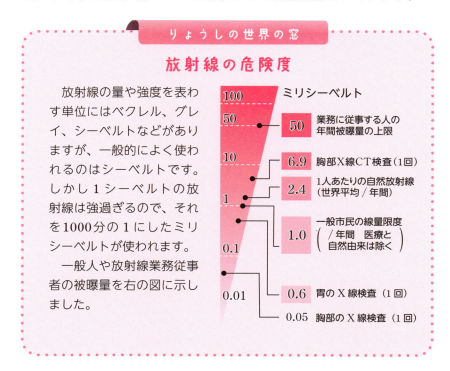

第6章

原子核反応と宇宙を生成したエネルギー

6-1 原子核はどのように他の原子核に変化していくか
―― 原子核反応・原子核崩壊

原子核の起こす反応を**原子核反応**と言います。原子核反応を記述する原子核反応式で大切なのは、元素の区別だけでなく、同位体の区別も必要だということです。そしてそのために大切なことは、**質量数を表示する**ことです。

● 原子核反応式のルール

炭素原子Cと酸素分子O_2が反応して、二酸化炭素CO_2と熱（エネルギー）Eを発生する反応の反応式（**熱化学方程式**）は、下記のように表わせます。

$$C + O_2 \rightarrow CO_2 + E$$

この式は、左辺の物質が右辺に変化することを表わしています。そして、左辺にある原子の種類と個数はそっくり右辺にもあります。その意味で「**物質不滅の法則**」が成り立っています。

エネルギーEは原子間の結合エネルギーの増減によって出たものです。

原子核反応も同じです。原子核Aが分裂して原子核BとCになっ

図 6-1-1 ● 原子核反応式

$$^a_b A \longrightarrow {}^c_d B + {}^e_f C + E$$

$$\left(\begin{array}{l} a = c + e \\ b = d + f \end{array} \right)$$

たとすると、その原子核反応式は図 6-1-1 の式となります。

　ここでa、b、c、dなどの小文字は、原子番号と質量数を表わします。すなわち原子核反応では、反応の前後を通じて原子番号の総数と質量数の総数は保存されるのです。

● 原 子 核 崩 壊 を 表 わ す 式

　原子核が放射線を放出して別の原子核に変化する反応を、一般に**原子核崩壊（反応）**と言います。原子核崩壊には、放出する放射線に応じてα崩壊、β崩壊、γ崩壊などがあります。

a α崩壊

　α線を放出する崩壊です。α線は^{4}Heの原子核ですから、質量数4、原子番号2です。

　崩壊する原子核はこの粒子を放出するのですから、**生成原子核**は元の原子核より質量数が4、原子番号が2だけ小さくなることになります（図6-1-2式1）。

b β崩壊

　β線（電子）を放出する崩壊です。電子は質量数＝0であり、電

荷は陽子の＋1に対して－1ですから、原子番号＝－1と考えることができます。

　β崩壊ではこのような粒子が抜け出していくのですから、生成原子核は元の原子核に比べて質量数は変わらず、原子番号が1増えることになります**(式2)**。

　この崩壊は、元の原子核中の中性子nが陽子と電子に分裂したものと考えることもできます**(式3)**。このように考えると、生成原子核は元の原子核に比べて陽子が1個増えるのですから、原子番号も1増えることになります。

図6-1-2●原子核崩壊を表わす式

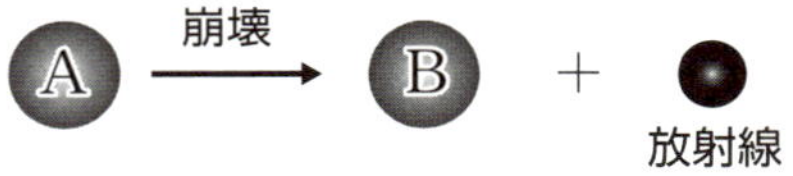

$A \xrightarrow{崩壊} B + \bullet\text{放射線}$

$${}^{A}_{Z}A \xrightarrow{\alpha} {}^{A-4}_{Z-2}B + {}^{4}_{2}He \quad (\alpha 線) \quad (式1)$$

$${}^{A}_{Z}A \xrightarrow{\beta} {}^{A}_{Z+1}C + {}^{0}_{-1}e \quad (\beta 線) \quad (式2)$$

$$\left({}^{1}_{0}n \xrightarrow{\beta} {}^{1}_{1}p + {}^{0}_{-1}e + \bar{\nu}_e \,{}_{(\bar{\nu}_e：反電子ニュートリノ)}\right) \quad (式3)$$

$${}^{A}_{Z}A \xrightarrow{\gamma} {}^{A}_{Z}A^* \xrightarrow{崩壊} D+ \quad (\gamma 線) \quad (式4)$$
準安定核

$${}^{A}_{Z}A \xrightarrow{n} {}^{A-1}_{Z}A + {}^{1}_{0}n \quad (中性子線) \quad (式5)$$

$${}^{A}_{Z}A \xrightarrow{p} {}^{A-1}_{Z-1}E + {}^{1}_{1}p \quad (陽子線) \quad (式6)$$

c γ崩壊

　γ線を放出する崩壊です。γ線は高エネルギーの電磁波ですから、

質量数も原子番号もありません。したがって、生成原子核は元の原子核と同じものになります(**式4**)。

　しかし、γ線というエネルギーを放出しているので不安定です。このような原子核を**準安定核**と言い、＊印をつけて表わすことがあります。準安定というのは不安定ということですから、この原子核は放射性となり、さらに別の放射線を放出して別の原子核に変化していきます。

　この他にも中性子を放出(質量数：－1、原子番号：不変)したり(**式5**)、陽子を放出(質量数、原子番号ともに－1)したり(**式6**)します。

● 半減期は反応の速さを知る指標

　化学反応には、爆発のように瞬く間に終わってしまう速い反応もあれば、包丁が錆びるようにゆっくりと進行する反応もあります。原子核反応にも速いものや遅いものがあります。

　反応$A \rightarrow B$において、反応が進行するとAの濃度$[A]$は減少を続け、いつかは最初の量の半分の量$\dfrac{[A]}{2}$になります。そして、このように量が最初の量の半分になるのに要した時間を**半減期**$t_{1/2}$と言います。

　時間が半減期の2倍、すなわち$2t_{1/2}$経つと量は半分の半分で$\dfrac{1}{4}$になります。

　半減期は反応の速さを知るのにもっとも便利でわかりやすい指標であり、半減期の短い反応は速い反応、半減期の長い反応は遅い反応ということになります。

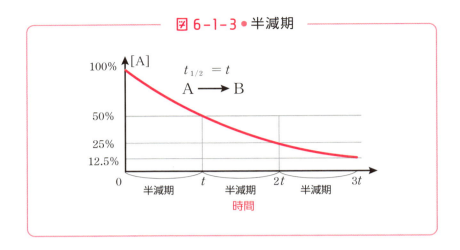

図 6-1-3 ● 半減期

● 壊変系列は原子核の崩壊の連続を示す

原子核の崩壊は 1 回で終わることもありますが、山崩れや雪崩のように次々と連続することもあります。このような崩壊の連続を**壊変系列**と言うことがあります。

多くの場合、系列の最後の原子、すなわち原子の行き着く先は鉛 Pb になっています。つまり原子核崩壊反応で考えた場合、<u>鉛がもっとも安定な原子核</u>ということになります。

・系列の例

壊変系列には主なものとしてウラン系列、トリウム系列、アクチニウム系列、ネプツニウム系列の 4 系列があります。

図 6-1-4 に示した系列は、ウラン ^{238}U から始まるのでウラン系列と言われるものです。

枠の中に書いてあるのは**核種**(原子核の種類)と**半減期**です。そして矢印に沿って書いてあるのは崩壊の種類です。

複雑な系列ですが、最終的には鉛の同位体の 1 つである ^{206}Pb に

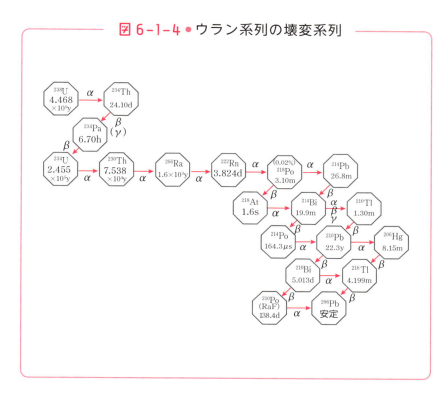

図 6-1-4 ● ウラン系列の壊変系列

収束します。

● 放射性同位体の運命

　壊変系列は放射性同位体の運命を表わしています。地中のウランはこのような変化を休むことなく繰り返しているのです。ですから、ウラン鉱脈ではウランだけでなく、系列を構成する全核種が存在することになります。

　そして、その崩壊に基づくエネルギーは地中に放出されて熱となり、地球を温めています。地球の内部がマントルや核となって何千度という高温になっているのは、このような熱の蓄積によるものです。

この系列の途中でラジウムRaとなり、ラドンLnとなり、水に溶けて温泉に顔を出して喜ばれたり、気体として地下室に現れて嫌われたりしているのです。

● 原子核変換で金ができる

　原子核反応を利用すると、ある元素を他の元素に変換したり、まったく新しい元素をつくったりすることができます。

　つまり中世の錬金術師たちが目論んだ、卑金属から金をつくることが可能になるのです。錬金術師たちは決して詐欺師ではなかったのです。ただ、実験手段を持たなかっただけです。

　図6−1−5①は、水銀^{196}Hgから金^{197}Auをつくる可能性のある式ですが、2番目の反応は**軌道電子捕獲**と言い、原子核の中にある陽子が電子雲の電子と反応して中性子になる反応です。

　ですから生成原子核は元の原子核と同じ質量数であり、原子番号が1だけ減ることになります。

図 6−1−5 ● 水銀から金をつくる

$$① \quad {}^{196}_{80}\text{Hg} + {}^{1}_{0}\text{n} \longrightarrow {}^{197}_{80}\text{Hg} \xrightarrow{\text{軌道電子捕獲}} {}^{197}_{79}\text{Au}$$

$$② \quad {}^{197}_{79}\text{Au} + {}^{1}_{0}\text{n} \longrightarrow {}^{198}_{79}\text{Au} \xrightarrow{\beta\text{崩壊}} {}^{198}_{80}\text{Hg}$$

ただしこの反応を行なうためには、何百億円かかるかわからない原子炉をつくり、大勢の優秀な技師に給料を払い、莫大な電気料金を払わなければなりませんから、できた金の価格は1gがいくらになるか見当もつきません。どう考えても貴金属屋さんで1g1万4000円ほど（2024年の金価格）の金を買ってきたほうが得です。

　反対に、普通の金^{197}Auに中性子を照射すると質量数が1増え、不安定な金^{198}Auになりますが、これはβ崩壊をして原子番号を1増やし、水銀^{198}Hgになります（図②）。

　しかし、高価な金を安価で公害の元凶のように言われる水銀に変化させる反応など、研究目的以外で行なう人はいないでしょう。

りょうしの世界の窓

身の回りの原子核反応

　放射線は怖いものだと思っているでしょうが、私たちは放射線から逃れることはできません。

　私たちの体は炭素Cや水素H、カリウムKなどからできていますが、これらの元素は放射性同位体を持ち、その同位体は毎日せっせと崩壊反応を行なって、体内でβ線をまき散らしています。

　また温泉の放射能泉に入る方もおられるでしょうが、放射能泉は放射線を放出しています。放射線ホルミシスという説があり、それによると「大量の放射線を浴びると体に悪いが、少量の放射線を毎日浴びるのは体によい」と、晩酌の擁護論のようなことを言います。ただし医学的な裏づけはないようですから自己責任ということになります。

6-2 膨大なエネルギーを生む核分裂反応と核融合反応

—— 原子核分裂・原子核融合

　原子核反応としてもっともよく知られたものに、**原子核分裂**と**原子核融合**があります。この反応は人類の将来を左右するエネルギーを生む反応として注目されています。

　核分裂反応は原子爆弾や原子力発電に利用され、核融合反応は水素爆弾に利用され、現在は核融合炉に利用しようという研究が進められています。

● 核分裂反応で何が起こるか

　核分裂反応とは、大きな原子核が小さな原子核に分裂する反応です。

　5-4節の図5-4-1のグラフで見たように、もっとも安定で低エネルギーな原子核は質量数60近辺の鉄の同位体です。したがって、これより大きな原子核を分裂させれば、その差のエネルギーが放出されます。

　このエネルギーを**核分裂エネルギー**と言います。

a 核分裂連鎖反応

核分裂反応というのは、<u>原子核が分裂して核分裂生成物とエネルギーを発生する反応</u>です。これ自体は大した反応ではありません。

原子炉や原子爆弾に利用される反応は、核分裂が連鎖して起こる反応なのです。では連鎖反応とはどのような反応でしょうか？　原子炉に利用されるウランの同位体^{235}Uの**核分裂連鎖反応**を例にとって見てみましょう。

^{235}Uの核分裂は、原子核に中性子nが衝突することによって引き起こされます。

すなわち、^{235}Uの原子の中にある小さな原子核に、どこかから飛んできた中性子が衝突します。すると原子核は分裂して大小さまざまな核分裂生成物（多くは放射性原子核：放射線を含む）と膨大なエネルギー、それと中性子を放出します。

この中性子が1個だったと仮定しましょう。すると、この中性子はまた他の^{235}U原子核に衝突して1個の中性子を放出させます。この中性子がまた……という具合に反応はどこまでも継続していきます。これが連鎖反応です。

しかしこの連鎖反応では、反応はどこまで行っても同じ大きさ（規模、スケール）で進行するだけです。このような反応を**定常連鎖反応**と言い、爆発的な増殖反応にはなりません。

b 枝分かれ連鎖反応

それでは、1回の核分裂で生産される中性子を2個としてみましょう。この場合には、最初の反応で分裂する原子核は1個ですが、次の反応は2個の中性子が衝突するので生産される中性子も2個

となり、次には各々の反応から2個ずつの中性子が発生するので2^2の4個となり、次は$2^3 = 8$となって、ネズミ算的に増殖します。こうなってはもう爆発する以外ありません。

このような反応を、**枝分かれ連鎖反応**と言います。すなわち、^{235}Uの核分裂が放っておくと爆発につながるのは、1回の分裂で生じる中性子数が1個以上の枝分かれ連鎖反応だからなのです。

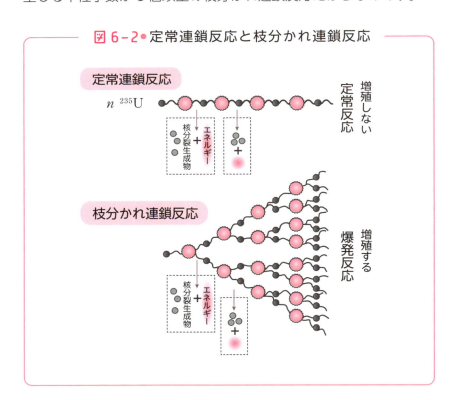

図6-2●定常連鎖反応と枝分かれ連鎖反応

● **核融合反応で何が起こるか**

核融合反応とは、<u>小さい原子核が融合して大きな原子核になる反応</u>です。この際、膨大なエネルギーが発生します。そのため、人類の将来のエネルギー源として熱い注目を集めています。

核融合エネルギーの例としてよく知られているのは、**太陽をはじめとした恒星のエネルギー源**です。

　地球に飛来するエネルギーのほとんどすべては太陽によるものです。私たち生物はこの太陽エネルギーによって生命を育んでいるのですから、**私たちが生きているのは核融合反応のおかげ**と言ってよいのかもしれません。

　恒星では、原子番号1の水素原子核H2個が核融合して原子番号2のヘリウム原子核Heになることによって、あの膨大なエネルギーを発生しています。

　このエネルギーを人類が制御することはできないものか、その夢が核融合開発の原動力です。核融合が嘱望される分野は、核融合炉による**核融合発電**です。

　著者が学生時代だった頃には、核融合炉は30年後に実用化が期待される近未来技術と言われましたが、それから半世紀が経過した現在でも、まったく同じことが言われています。

　この調子ではこの先半世紀後にも、またまったく同じ言葉を聞くことになるのかもしれません。核融合はそれくらい難しい技術なのです。

6-3 原子の誕生と成長 宇宙の始まりと恒星の一生
── 恒星・中性子星・超新星爆発

　宇宙に関する知識は刻々と増大しています。つい先日までは「宇宙は物質からできている」と言っていたものですが、今はそんなことは言えません。

　「宇宙の75％はダーク（暗黒）エネルギー、20％はダークマター（暗黒物質）であり、普通の物質は5％に過ぎない」と、歯切れの悪い言い方しかできません。

　したがって、私たちにお馴染みの「普通の物質」は全宇宙の1/20に過ぎないのです。とはいうものの「普通の物質」の中には電子、原子核、原子、分子など無限大の種類と言っていいほどの物質がひしめいています。

　その中で私たちが目にし、手に触れる普通の物質は、元をたどれば原子に行きつきます。つまり、**万物の元は原子**なのです。この原子はどのようにしてできたのでしょう？

●138億年前にできた宇宙

　宇宙には始まりがあります。それは、「**ビッグバン（大爆発）**」と呼ばれる爆発です。

素粒子論に興味があり、何事も突き詰めないと気がすまない方は、素粒子論の専門書をお読みください。ここでは、おおよその話がわかればOKという方のために、「オハナシ」のようなかたちにさせてもらいます。

どことは言えませんが、とにかくどこかに極小の物質がありました。これが突然爆発したのです。この爆発をビッグバンと言います。今から138億年前の話だそうです。すべてはここから始まります。すべてというのは、時間、空間を含めてすべてです。

この爆発によって生じたのが、膨大な量の水素原子（原子番号１）と少量のヘリウム原子（原子番号２）でした。これらの原子は爆発の威力で吹き飛びます。

この原子の到達した範囲が「宇宙」なのです。ですから、宇宙はこの瞬間にも広がっています。これを「膨張宇宙」と言います。

「宇宙はビッグバンによってできた」というのはこの意味です。時間もビッグバンに起因するのだそうです。

ですから、ビッグバンはどこで起きたの？　という質問は意味をなさないことになります。ビッグバン以前には空間さえなかったのですから。あえて言えば、宇宙の中心ということになるのかもしれません。

考えれば考えるほどすごいことです。宇宙にどれだけの物質やエネルギーがあるのか知りませんが、ビッグバンの始まったときにはそれが極小空間（点）にあったと言うのです。密度はいかほど（?）だったのでしょう。

壮大なつくり話にも聞こえそうな話ですが、現代の聡明を代表する南部陽一郎先生※やホーキング博士※のおっしゃることですから、

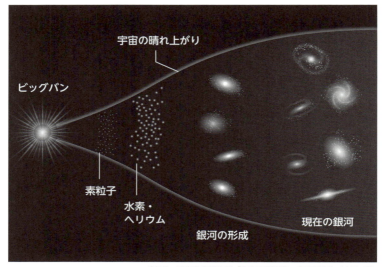

図 6-3 ● ビッグバンのイメージ

（出所：国立科学博物館『宇宙の質問箱・宇宙論編』より作成）

信用して聞いていいのでしょう。

※**南部陽一郎**（1921〜2015）：日系アメリカ人の理論物理学者。素粒子物理学で「対称性の自発的な破れの統一理論」を提唱し、2008年ノーベル物理学賞を受賞。
※**スティーブン・ウィリアム・ホーキング**（1942〜2018）：イギリスの理論物理学者。1974年に「ブラックホールは熱を放出することによって、やがて蒸発により消滅する」という「ホーキング放射」理論を発表。「車椅子の天才物理学者」として知られる。

● 原子核融合による「恒星」の誕生

　ビッグバンで水素原子は「宇宙」の隅々にまで霧のように立ち込めました。時間が経つと霧に濃淡が現れました。雲のように濃いところでは重力が増大し、さらに多くの水素原子が引き寄せられ、密度が増大しました。

　すると摩擦熱や断熱圧縮熱が発生し、集団は高温、高圧になりました。この結果発生したのが**原子核融合**です。

これは、**複数個の水素原子が核融合してヘリウム原子になる現象**ですが、このときに膨大な量の核融合エネルギーを放出します。

$$2\,^1\mathrm{H} \rightarrow\,^2\mathrm{He} + \text{核融合エネルギー}$$

これが、太陽をはじめとする**恒星**です。**恒星が輝き、熱を出すのは核融合エネルギーによる**のです。

● 恒星の成長から最期まで

ところが、原子核には安定で低エネルギーのものと、不安定で高エネルギーのものがあります。

水素のように小さい原子核は高エネルギーですが、同じくウランのような大きな原子核も不安定です。もっとも安定なのは質量数60程度の原子核です。

a 原子核の成長

ですから、$^1\mathrm{H}$が核融合して$^2\mathrm{He}$になれば核融合エネルギーが発生し、恒星は輝きます。

やがてすべての$^1\mathrm{H}$が$^2\mathrm{He}$になるでしょうが、そうなったら今度は、$^2\mathrm{He}$が核融合して$^4\mathrm{Be}$になってエネルギーを放出するでしょう。

このような核融合が連続して、原子核は成長を続けます。

やがて鉄原子核が誕生したとしましょう。ところが、鉄原子核はエネルギー極小です。どうやってもエネルギーを生産することはできません。

153

b 恒星の最期

恒星における核融合によって成長して生じたのが、原子番号26の鉄原子でした。まさしく恒星は原子誕生の地でした。

しかし、原子には原子番号が26より大きなものがいくつも存在します。これらの原子はどのようにして生成したのでしょう？

核融合が進行して鉄原子になってしまった恒星は、もう輝くことも熱を出すこともできません。このような星のうち、質量が太陽の3～8倍のものは、膨張する力を失った後、重力によって収縮を続けます。

この収縮は留まるところを知りません。やがて電子は原子核の中にめり込みます。すると、陽子pと電子eは反応して中性子nとなります。

$$p + e \rightarrow n$$

これが**中性子星**と呼ばれるものであり、原子全体が原子核になってしまったことになります。

これは原子の直径が原子核の直径になる、つまり直径が1万分の1になることを意味します。地球ならば現在の直径1.3万kmがわずか直径1.3kmの球になるのです。

c 超新星爆発

このようになった星はやがてエネルギーバランスを失って爆発します。これが**超新星爆発**という現象です。

このときには大量の中性子が放出されます。そしてその中性子が鉄原子に降り注ぐのです。

その結果、鉄原子は急速に肥大します。そしてこのときのエネルギーで、中性子は陽子と電子に分裂します。

$$n \to p + e$$

すなわち、鉄に新たに陽子pが加わるのです。これは原子番号が増大することを意味します。つまり、鉄より大きな原子が誕生したのです。

● 1987年に観測された超新星爆発
（出所：アングロ・オーストラリアン天文台）

りょうしの世界の窓

核融合とヘリウム3（^{3}He）

現在、核融合炉に用いる反応は重水素Dと三重水素Tを用いた**D−T反応**（162ページ参照）を中心に研究されています。しかしDとヘリウム3との核融合**D−^{3}He反応**は、核融合炉としての実現がD−T反応より容易であると考えられています。

その理由は、ヘリウム3は三重水素と異なり非放射性であり、かつD−^{3}He反応では危険な中性子（n）が発生しないためです。

しかし、ヘリウム3は地球の大気中には微量しか存在しません。太陽大気中には宇宙の初期においてビッグバン原子核合成の結果、生成したヘリウム3が蓄積していますが、地球では地球創成期に存在していたヘリウムがほとんど宇宙空間に散逸し、現在の地球大気中に存在するヘリウムは、大部分が岩石中の放射性元素のアルファ崩壊の結果生じたヘリウム4であるためです。

一方、月面においては太陽風から供給されるヘリウム3が蓄積しています。そこで月面からヘリウム3を持ち込もうという研究が行なわれています。中国の月面探査はこのような目的も持っていると考えられています。

6-4 原子核反応を利用した原子力発電の原理

── 原子炉の構成要素

　一般に**原子力発電**と言う場合には、<u>原子核反応のエネルギーを利用して発電すること</u>であり、**核分裂炉**と**核融合炉**の2種が考えられますが、現在稼働しているのは核分裂反応を利用したものだけです。

● 原子力発電の基本原理

　原子力発電と言うと、人類が50年ほど前に初めて手に入れた夢の発電装置ということで、トンデモナイ発電原理で発電する装置と考える方もおられるかもしれませんが、トンデモナイ間違いです。

　発電機は、磁石の中でコイルを回転させることで発電します。風力発電では、コイルを風車につけて回転させます。水力発電では、コイルをつけたタービンに水をぶつけて回転させます。火力発電では、タービンに水蒸気をぶつけて回転させます。

　原子力発電も火力発電とまったく同じです。タービンに水蒸気をぶつけて回転させます。<u>両者の違いは蒸気のつくり方だけ</u>なのです。

　火力発電では、ボイラーで化石燃料を燃やした熱で水を温めます。それに対して原子力発電では、原子炉で核分裂を起こし、その熱で水を温めるのです。

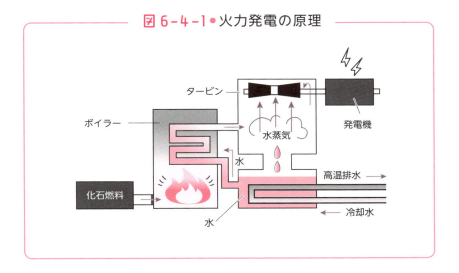

すなわち原子炉は、ボイラーの成り上がりに過ぎないのです。

● 原子炉の原理

では原子炉の原理を、原子炉の構成要素の観点から見てみましょう。

a 燃料体

燃料体とは、核分裂を起こす放射性物質です。

枝分かれ連鎖反応型の核分裂を起こす原子核は、多くはありません。天然にある原子核ではウラン $_{92}U$ とトリウム $_{90}Th$ です。それに人工元素としてプルトニウム $_{94}Pu$ があります。

天然のウランは2種の同位体 ^{235}U と ^{238}U の混合物であり、99.3％は ^{238}U です。ところが、原子炉の燃料として使うことができるのは、少ないほうの ^{235}U なのです。

原子炉を効率的に稼働させるためには ^{235}U の濃度を少なくとも

数％に高める必要があります。

　この操作を**ウランの濃縮**と言い、手段は原始的ですが遠心分離法を用います。ウランをフッ素と反応させると六フッ化ウランUF_6という気体になります。これを遠心分離器にかけて何回も何回も連続分離して濃度を高めるのです。

b 制御棒

　原子炉の中で^{235}Uが**枝分かれ連鎖反応**を起こしたのでは、原子炉が原子爆弾となって吹っ飛んでしまいます。そうならないように、つまり反応を**定常連鎖反応**に留めるためには、核分裂反応1回あたりに出る中性子数を1個に留めなければなりません。

　そのためには、余分な中性子を除いてやればよいのです。その役目をするのが**制御棒**に用いられる**中性子制御材**です。これには中性子を吸収する作用のあるホウ素BやハフニウムHfという元素を用います。

c 減速材

　中性子はその飛行速度によって反応性が異なります。^{235}Uは運動エネルギーの小さい、すなわち速度の遅い中性子としか反応しません。

　しかし核分裂によって発生する中性子は、高エネルギーの高速中性子です。そのため、この速度を下げてやる必要があります。これが**減速材**の役割です。

　電荷も磁性も持たない中性子の速度を下げるためには、適当なものとの衝突に頼る以外ありません。効率的なエネルギー授受のため

には、中性子質量と同程度の質量の原子核と衝突させることです。そこで通常の原子炉では、中性子と同じ質量を持った原子、つまり水素原子Hを持つ水（軽水）H_2Oを減速材に用います。

d 冷却材

冷却材というよりは、水蒸気の原料です。つまり水です。すなわち水は、減速材と冷却材の二役を果たしているのです。

● 原子炉の構造

恐ろしいほど単純な原子炉の概念図を下に示します。各パーツの役割は上に見たとおりです。

制御棒は燃料体のあいだにセットされ、深く差し込めば吸収する中性子が多くなるので反応は制御され、反対に抜き出せば反応は加

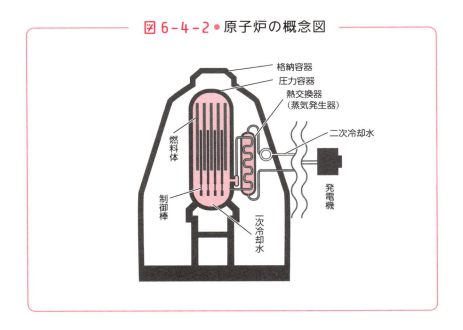

図6-4-2●原子炉の概念図

速されます。

　原子炉内の水（一次冷却水）は放射線によって汚染されているので原子炉外に漏れ出ないように、熱交換器によって二次冷却水に熱を渡します。

　圧力容器は厚さ30cmほどのステンレス鍛造鋼でつくられ、その外側を厚さ2mほどのコンクリート製の**格納容器**が覆います。

りょうしの世界の窓

原子爆弾と水素爆弾

　原子核反応を用いた爆弾を一般に核爆弾と言い、原子爆弾と水素爆弾がありますが、両者の爆発原理は正反対です。

　原子爆弾は原子核分裂を用い、爆発原子はウランやプルトニウムです。一方、水素爆弾は核融合を用い、爆発原子は水素です。

　核爆弾の爆発力は、同じ爆発力を示す化学爆薬トリニトロトルエン（TNT）の重量で表示します。

　原子爆弾の場合は、ウランを用いた広島型もプルトニウムを用いた長崎型も、概ね10kトン（1万トン）ですが、水素爆弾は桁が違い、ロシア（旧ソビエト連邦）が実験したツァーリ（皇帝）ボンバ（爆弾）の爆発力は50メガトン（5000万トン）と言われます。これは第二次世界大戦で世界中が使った爆薬総量の10倍に相当するそうです。

　日本は原子爆弾の被爆国ですが、水素爆弾の被害も受けています。それが1954年に起きた第五福竜丸事件で、ビキニ環礁でアメリカが行なった水爆実験で核分裂生成物（死の灰）を浴びました。

　このような悲劇は二度と起こしてはいけないことです。

6-5 太陽を人間の手でつくる「人工核融合」という夢
―― 核融合炉の開発

太陽で起こっている核融合を人類の手で起こすことはできないか？ それが**人工核融合**の夢です。

● 水素爆弾から始まった核融合利用

しかし、何でもいいから**核融合**を起こせばいいと言うのなら、核融合そのものはそれほど難しい技術ではありません。現に人類は50年以上も前に核融合反応を自らの力で成功させています。

ただし残念ながら、この核融合技術は平和的なものではありませんでした。

それどころか究極の、と言ってもいいほどの破壊兵器だったのです。これを**水素爆弾**（一般に水爆）と言います。

<u>水素爆弾は水素の核融合を利用した爆弾</u>であり、<u>ウランやプルトニウムの核分裂を利用した爆弾である原子爆弾</u>よりはるかに破壊力の大きな爆発力を持つ爆弾でした。

これまでに水素爆弾の開発に成功した国は、アメリカ、旧ソビエト連邦（現ロシア）、中国、イギリス、フランスの5か国だけです。

● 核融合炉で使う核融合反応

核融合の人工利用は、核分裂炉と同じように**核融合炉**を建設してそこで核融合を起こしてエネルギーを取り出し、それを電気エネルギーに換えようというものです。

核融合炉で使おうとしている核融合反応には、**D－D反応**と**D－T反応**の2種類があります（現在は、D－^{3}He反応も研究されています。155ページ参照）。

a D－D反応

2個の重水素D（^{2}H）どうしを融合して三重水素T（^{3}H）、あるいはヘリウム3（^{3}He）にすることによってエネルギーを得ようとするものです。

重水素は地球上に大量にあるので実用向きですが、核融合させるための条件が難しいと言われます。

b D－T反応

重水素と三重水素を反応させるものです。反応条件が容易なので、最初に実用化される反応と考えられています。

しかし三重水素が入手困難なので、あらかじめリチウムLiと中性子から三重水素をつくっておく必要があります。

● 核融合炉の開発

核融合炉の研究は、日本を含む各国が協力して、フランスに**国際熱核融合実験炉（ITER）**を建設するとの方向で関連技術の開発が進められています。

a プラズマ

　核融合では、水素や三重水素を電子と原子核に分離させて**プラズマ**とし、それを1億℃以上の高温・高圧にして融合させます。

　このような高温ではすべての材料・素材は融解してしまいますから、プラズマを容器の中に入れるということは考えられません。電場と磁場を使って空中に浮遊させる必要があります。

　ITERではこの問題を**トカマク型**と呼ばれる、電気と磁気を利用した反応炉で解決しようとしています。

　トカマク型は高温を利用したものなので、特に**熱核融合炉**とも呼ばれます。

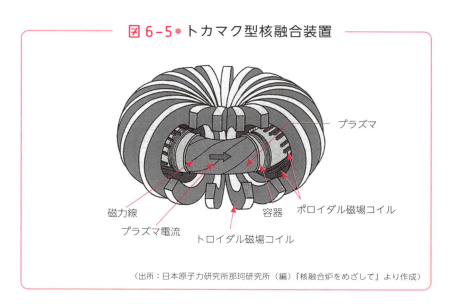

図6-5●トカマク型核融合装置

（出所：日本原子力研究所那珂研究所（編）『核融合炉をめざして』より作成）

b 核融合の条件

　核融合が起きるためには、原子核が毎秒1000km以上の速度で

ぶつかり合う必要があり、これを**臨界プラズマ条件**と呼びます。

そして、この速度を実現するためには、

①プラズマ温度 1 億℃以上

②密度 100 兆個/cm³

とし、それを、

③ 1 秒間以上閉じ込める

ことが必要とされています。

2007年には、この条件はクリアされたと言われますが、発電炉として使用できるまでの持続時間達成にはまだ至っていません。

りょうしの世界の窓

いろいろな原子炉

現在稼働中の原子炉は^{235}Uを燃料にした核分裂型の原子炉です。しかし、これ以外の形式の原子炉も考えられています。

・**トリウム原子炉**……燃料としてトリウム Th を使う原子炉です。トリウムは自然界に存在する同位体のほぼ100％が^{232}Thであり、これがそのまま燃料になりますから、濃縮の必要がありません。また埋蔵量はウランの 3 ～ 4 倍もあり、その上、反応後にプルトニウムのような危険な放射性元素を出しません。

・**高速増殖炉**……ストーブに石油 1 L を入れて着火したところ、部屋を十分に暖めてくれました。その後、ストーブの石油タンクを見たら石油が増えて 1 L 以上になっていました。そんなばかなストーブがあるでしょうか？　あるのです。それが高速増殖炉です。核分裂（燃焼）が終わると燃料が増殖している（増えている）のです。燃料にならない^{238}Uと燃料のプルトニウムを一緒に燃やすと、^{238}Uがプルトニウムから出た高速中性子と反応して燃料のプルトニウムに変化するからです。

第7章

宇宙線の地球と人間への影響を見る

7-1 宇宙線は私たちの生活に思いがけない影響を与える

―― 銀河宇宙線と太陽宇宙線

　私は子供の頃から強度の近眼で、しかも名古屋の街中に住んでいたので夜空も明るく、天の川をハッキリと見た覚えがありません。星座など、本で見るだけです。したがって夜中に屋上に出て見る空は静まり返っていました。

　しかし、山に近いところで、街の光の届かないところで見る夜空は、きっとざわめく星々で埋め尽くされているのではないかと思っていました。

　そこで見る星々は、輝いているのではないでしょうか？　またたいているのではないでしょうか？

　またたいているのは星のせいではなく、空気の揺らぎのせいでしょうが、輝いているのは星そのもののせいでしょう。

　惑星以外の星が輝いているのは、星自身が光を出しているからです。星は月と違って、太陽の光を反射して輝くことはありません。

　じっとして動かない星が、どのようにして光を出すなどということができるのでしょうか？

　そもそも、光を出すということはどういうことなのでしょうか？

そもそも、星が出しているのは光だけなのでしょうか？

● 目に見えない地球への訪問者

夜空で私たちが見るものは月と星です。たまに流れ星も見えます。では、流れ星とは何でしょうか？

流れ星は宇宙に無数に存在する小石のうち、地球に近いところにあるものが、地球の引力に引かれて地球の大気圏に引き込まれ、大気との摩擦によって燃えたものです。

それでは、宇宙から地球に飛び込んでくるものは、流れ星だけなのでしょうか？　とんでもありません。地球には時折とんでもない訪問者が飛び込んできます。

今から6600万年ほど前、巨大な岩石（小惑星）がメキシコのユカタン半島沖の海底に、アポイントもなく飛び込んできました。

そのときの衝撃と舞い散った砂塵と、そのために起こった太陽光の遮断、植物の枯死によって、当時栄えていた恐竜文明が終わったと言われています。その衝突跡が現在も残っていて、チクシュルーブ・クレーターと言います。

 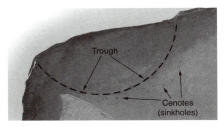

●チクシュルーブ・クレーター：メキシコのユカタン半島北部にある小惑星の衝突跡。（Trough：トラフ＝海底盆地　sinkholes：陥没穴）

小惑星ほど大規模なものではなくても、1908年にロシア（当時はソビエト連邦）のシベリアにあるツングースカの森林に落下した隕石は、広島型原子爆弾の200倍近い威力で森林をなぎ倒しました。これをツングースカ大爆発と言います。

　このような大きな訪問者ではなく、小型の隕石によるさりげない訪問は私たちが気づかないだけで、毎日何万件も起こっているのではないでしょうか。

　このさりげない訪問が流れ星として私たちの目に映るのです。

　しかし、私たちの目に映らないような小型の訪問者もいます。それが**宇宙線**です。宇宙線は私たちの目に触れないだけでなく、どのような皮膚感覚にも直接には意識されません。それほど何気ない訪問です。

　しかし、このような訪問も回を重ねると通信障害とか、白内障とか、皮膚がんとか、私たちに思いがけない災いをもたらすことがあります。

● 宇宙線にはどんなものがあるか

　宇宙線とは、光速に近い速度で宇宙空間を飛び回っている陽子（水素原子核）やヘリウムなどの原子核、電子やミュー粒子などの素粒子のことを言います。

　さらに、これらの高速・高エネルギー粒子が地球の成層圏や大気圏に存在する分子と衝突して発生させた微粒子などのことも宇宙線と言います。

　つまり、オゾン、酸素、窒素などの分子と衝突して発生させた中性子などの核子、あるいはニュートリノなどの素粒子、あるいはγ

線という高エネルギー電磁波なども宇宙線と呼ばれるのです。

しかし、やはり一般に宇宙線と言えば、**陽子とその10％程度の量のヘリウム、そしてごく少数の炭素、鉄、さらに稀ではありますがウランなどの原子核成分と電子**が主だと考えることが多いのです。

● 宇宙線を分類すると

宇宙線にはいろいろな種類がありますが、その発生源やエネルギーの違いから、「**銀河宇宙線**」と「**太陽宇宙線**」に分けることができます。

a 銀河宇宙線

銀河宇宙線とは、**太陽系を超えて、銀河系内のどこかで発生する宇宙線**のことです。

発生源は、超新星爆発を起こした星の残骸であり、それが超新星爆発の衝撃波によって初期的な加速が行なわれ、その後、銀河系内の磁場によって継続的な加速が行なわれているものと考えられます。

宇宙線の超新星爆発起源説は、早くから提唱されていましたが、観測によって加速の証拠が確認されたのは、つい最近の2013年のことです。

銀河宇宙線の中でも超高エネルギーの宇宙線（$> 10^{18}$ eV：電子ボルト）は、エネルギーが高過ぎて銀河系の磁場では閉じ込めることができません。そのため、銀河系外の銀河からやってきたのだろうと考えられています。

b 太陽宇宙線と太陽フレア

太陽を起源とする比較的エネルギーの低い宇宙線を、**太陽宇宙線**と呼びます。

太陽宇宙線は、11年周期で起こる太陽活動最大期に多く見られます。そのような時期には、太陽表面の爆発現象(**太陽フレア**)が多く起こり、大量の宇宙線が地球に飛来します。

太陽フレアの成分は陽子などの粒子だけでなく、X線などの電磁波もあり、人類の社会生活に大きな影響を与えます。

電磁波は、地上の電気・電子機器に影響を与え、停電や電波通信障害の原因になるなど、社会に大きな影響を与えるので、遮蔽(電磁シールド)による対策が大きな課題となります。

図 7-1● 太陽フレアの地球への影響

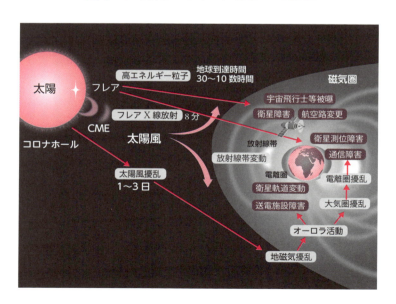

(出所:情報通信研究機構(NICT)『宇宙天気は日本にどのような影響を及ぼすか』より作成)

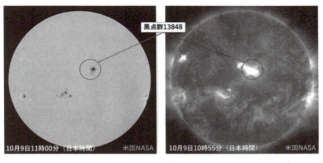

●2024年10月9日に観測された大規模な太陽フレア
（出所：情報通信研究機構（NICT）・NASA）

● 宇宙線のエネルギー

　宇宙線は、地球上の加速器でも簡単にはつくり出せないほどの高速度で動いています。

　例えば、欧州原子核研究機構（CERN）にある、高エネルギー物理実験を目的とした人類最大の大型ハドロン衝突型加速器は、10^{12}eVというエネルギーまで陽子を加速することができますが、宇宙線はそのエネルギーを優に超えるのが普通です。

7-2 大気外・大気内の宇宙線を構成する粒子

―― 一次宇宙線・二次宇宙線

宇宙線には原子核や素粒子、さらには素粒子の複合体のようないろいろな成分が含まれています。

宇宙線の種類を、宇宙線の成分、発生場所によって区分するのでなく、生成機構によって分類することもあります。一次宇宙線と二次宇宙線という分け方です。

● 宇宙空間から飛んできた一次宇宙線

日本で多く使われる定義では、**一次宇宙線**は地球大気の外、すなわち**宇宙空間から地球に入射するもの**を指します。これは宇宙線の粒子の種類によらず、**陽子でも電子でも素粒子でも、宇宙から飛んできたものはすべて一次宇宙線**です。

このような地球の大気外で観測される宇宙線には、さまざまな粒子が含まれます。

気球や人工衛星などの観測結果によれば、その**典型的なものは電離した原子核**(原子から電子が剥ぎ取られたもの)です。宇宙線のおよそ 90％ は陽子(電離した水素原子核)、およそ 9％ がアルファ粒子(電離したヘリウム原子核)、残りが炭素や酸素、鉄などの原子

核です。

原子核以外に素粒子も含まれます。その多くはレプトンという、物質をつくる素粒子です。レプトンのうちもっとも多いのは電子であり、また**ミュー粒子(ミューオン)**も含まれます。

一次宇宙線の発生する機構には次のようなものが考えられます。

a 核融合反応

太陽の中心部では核融合反応によって4つの陽子からヘリウム原子核が生み出されています。

$$4\,p^+ \rightarrow He^{2+} + 2\,e^+ + 2\,\nu_e$$

この際に**電子ニュートリノ**(ν_e)も同時に生成されますが、これは特に**太陽ニュートリノ**と呼ばれます。これも広義の宇宙線の一種です。スーパーカミオカンデなどのニュートリノ観測施設で検出されています。

また大気中でミュー粒子が生じるときやミュー粒子が崩壊する際にもニュートリノが生じ、これは**大気ニュートリノ**と呼ばれます。

b 宇宙線とH、Heの衝突

高エネルギーの宇宙線陽子や宇宙線アルファ粒子が星間媒質中の水素やヘリウム原子核に衝突すると、地球大気中で起きる二次粒子の生成と同様に、**パイ中間子**を生成します。このパイ中間子のうちπ_0粒子は2つのγ線に崩壊します。

$$\pi_0 \rightarrow 2\gamma$$

また高エネルギーの宇宙線電子が、星間磁場で進行方向を曲げられるときにもγ線が放出されますし、電子が星間中の光子に衝突したときにもγ線が放出されます。

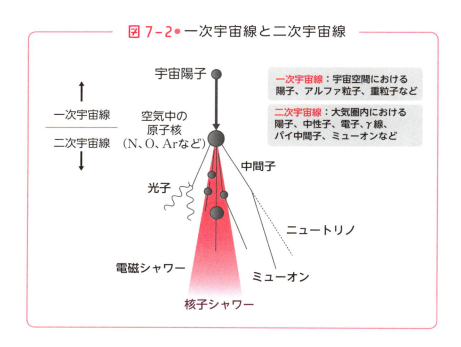

図 7-2 ● 一次宇宙線と二次宇宙線

● 二次宇宙線は地球で発生したもの

宇宙から飛んできた宇宙線が地球大気に衝突すると、さらに多くの粒子（二次粒子）を生じます。これを**二次宇宙線**と呼びます。

つまり二次宇宙線は、「宇宙」という呼び名がついてはいるものの、**宇宙から来た粒子ではなく地球大気中で発生した粒子**なのです。

a 一次宇宙線の衝突

宇宙から飛んできた宇宙線が地球の大気中に突入すると、大気を構成する気体粒子、すなわち窒素 N_2、酸素 O_2、二酸化炭素 CO_2 な

どの分子、あるいはヘリウム He、ネオン Ne などの原子に衝突します。

宇宙線も気体粒子も、ともに非常に小さい粒子ですから衝突の確率は小さいのですが、地球大気には膨大な数の粒子が含まれるため、一次宇宙線は地球大気を素通りすることができないのです。

b 二次宇宙線の成分

地上に降り注ぐ宇宙線のほとんどはこの二次宇宙線であり、その多くをミュー粒子が占めます。

宇宙線陽子が窒素の原子核に衝突するとパイ中間子と呼ばれる粒子を生成します。このパイ中間子には π^+、π^-、π_0 の3種類があり、これらが短時間で崩壊するとミュー粒子や γ 線を生成します。

● 宇宙線の加速源には何があるか

遠い宇宙で発生した宇宙線は、そのままの状態で地球に飛んでくるとはかぎりません。

宇宙線電子は、超新星残骸や中性子星で加速されていることがわかっています。もっとも身近な宇宙線の加速源は太陽です。太陽フレアと呼ばれる太陽表面での爆発現象が起きると、電子や陽子が加速されて高いエネルギーを持つ宇宙線となり、地球上空でオーロラを発生させることが知られています。

また加速された陽子やヘリウム原子核が太陽大気と衝突すると、高いエネルギーを持った中性子が生じ、太陽中性子と呼ばれる宇宙線になります。

7-3 宇宙線とオーロラはどう関係しているか

—— 太陽風から地球を守る磁気圏

　宇宙線と聞いて、**オーロラ**をイメージする方も多いのではないでしょうか？　確かにそのとおりで、オーロラは宇宙線と地球大気の相互作用によって発生するものです。

● オーロラはどこで見られるか

　オーロラとは、北極圏などの極地と言われる地域で見ることができる、地上からおよそ100kmから500km上空に発生する発光現象のことを言います。

　極地の中でも特にはっきりとオーロラを見ることができるのは、北半球の北緯60度から70度の範囲と言われています。

　オーロラの出現頻度が高い範囲は別名「**オーロラベルト**」と呼ばれており、北半球と南半球にそれぞれありますが、南半球のオーロラベルトはそのほとんどが海の上なので、オーロラを鑑賞する場所としてはあまり適していません。

● オーロラ発生のメカニズム

　オーロラが発生するメカニズムには「太陽の活動」が大きく関係

しています。

まずオーロラができる最初の工程は、太陽活動の1つである"**太陽風**"から始まります。

太陽風とは、太陽の表面で起きる爆発がきっかけとなって吹くプラズマのことで、**プラズマとは原子が分解してできた電子と原子核でできたガス**です。

太陽風の成分は宇宙線とほぼ同じですが、違いはその速度にあります。

太陽風の速度は毎秒500〜1000km程度ですが、宇宙線の場合には、秒速数万〜数十万kmと、光速の何分の1という速さです。

それに応じて運動エネルギーも桁違いに宇宙線のほうが大きいのです。

この太陽風が地球に向かって吹いているとき、地球に悪影響を与えないよう"**磁気圏**"と呼ばれる磁場の壁がバリアとなって有害なエネルギーから地球を守る働きをしてくれます。

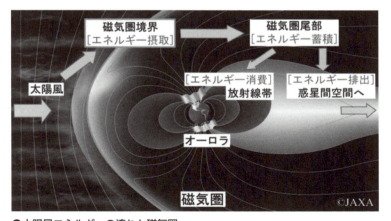

●太陽風エネルギーの流れと磁気圏
（出所：宇宙航空研究開発機構・宇宙科学研究所『太陽風を大口で食べ続ける磁気圏』）

ただし、この磁気圏も太陽風の影響のすべてを防ぐことができるというわけではありません。磁気圏にぶつかった太陽風は、ときに太陽に向かって地球の反対側（夜側）の隙間から侵入することがあります。

その後、太陽風に含まれるプラズマ粒子は極地へ運ばれ、そこで大気圏の中にある酸素原子や窒素分子といった物質と衝突してエネルギーを生み、発光します。

このようなことでオーロラは夜にしか見られず、オーロラベルトに多く発生することになります。

りょうしの世界の窓

プラズマの効用

プラズマは私たちの生活とは縁遠いものと思われますが、実は身の回りにもあります。オーロラや雷はプラズマと深い関わりがあり、ロウソクの炎もそのひとつです。

では、プラズマとはいったい何でしょう。

氷（固体）は温めると水（液体）になり、それを100℃以上になるまで加熱すると蒸気（気体）に変わります。そしてこの気体をさらに加熱すると、原子を構成しているプラスの原子核とマイナスの電子がバラバラになり、飛び回ります。この状態がプラズマです。

そのためプラズマは、「固体」「液体」「気体」に続く「物質の第4の状態」とも言われ、その使い方しだいで光を放ったり、ものを溶かしたり、新たな物質をつくったりするなど、多様な力を発揮することが知られています。

主な用途だけでも、酸素の同位体分離、カーボンナノチューブの作成、オゾン層破壊物質および地球温暖化物質であるフロンの分解など、多様な分野で用いられており、その用途はさらに広がりつつあります。

オーロラの色と形の違いはどこから生じるのか
―― 色はエネルギーの違い

オーロラには色や形状にさまざまな違いがあります。よく知られたカーテンのような形状以外にも、放射線状やアーチ状といった形状があります。色もピンク、赤、青と多岐にわたります。

● オーロラの3つの形状

オーロラの形状には、「コロナ型」「カーテン型」「アーチ型」の3種があります。これはオーロラの観測位置とそのオーロラの活発さによって変化します。

●アラスカのオーロラ

もっとも活発に活動しているオーロラを真下から見るとコロナ型になります。コロナ型の次に活動レベルが高いものを、少し距離をとった位置から見るとカーテン型になり、活発でないものをかなり距離をとって見るとアーチ型になります。

● オーロラの色の違いはエネルギーの大きさ

　オーロラの発光は、大気分子のエネルギー状態の変化に基づくものです。

　低エネルギーの基底状態にある大気分子がプラズマ粒子と衝突すると、プラズマのエネルギー E を受け取って高エネルギーの励起状態になります。

　励起状態は不安定なので、大気分子は元の基底状態に戻ろうとします。このときに不要となった E を放出します。この E が光エネルギーとなり、発光したのがオーロラの光です。

　したがってオーロラの色は、このエネルギー E に依存します。E が小さければ赤、大きければ紫と、虹の原理に従って変化します。

　大気分子は高度が下がるほど濃度が濃くなります。また高空から侵入したプラズマ粒子が低空に達するためには、大きなエネルギーを持たなければなりません。

　ということで、高度が低ければ E が大きくなるので発光は青や紫となり、高度が高ければ E が小さいので発光は赤くなります。

　実際、高度が200kmくらいでは赤色のオーロラが生まれ、高度が100kmになると緑色になり、80kmまで下がると紫やピンクに発光すると言われています。

● 日本でもオーロラが見られる？

オーロラは滅多に見られるものではありませんが、日本でもオーロラが観測された記録はあります。

もっとも古い記録は日本書紀に記された、飛鳥時代の西暦620年のものです。そこには、推古28（620）年12月1日に、「天に赤気有り。長さ一丈余なり。形雉尾（雉の尾）に似れり」と記されています。

また、江戸時代の西暦1770年9月17日には、何と京都の夜空の半分を覆うほど巨大な赤いオーロラが出現していたようで、扇形にオーロラが広がっている絵図が残されています。

最近の例では、2023年12月1、2日に北海道の低緯度地帯で赤色のオーロラが肉眼で観測されたと言います。また、2024年5月11日夜から12日未明にかけて、北海道の各地で観測されたという報告もあります。

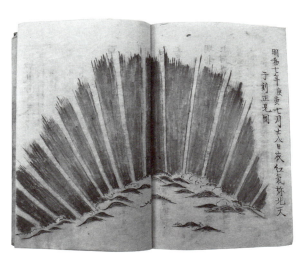

●京都に出現したオーロラ：1770年、京都に現れたオーロラの絵図。『星解』という古典籍に描かれている。

（出所：三重県松阪市提供）

7-5 人体・人間社会におよぼす宇宙線の影響

―― 電磁波・オゾンホール

　宇宙線は、原子核や素粒子が光速の何分の一というような超高速で飛んでくるもので超危険です。こんなものにまともにぶつかられたら命がいくつあっても足りません。

　宇宙線がそのまま地表に降っていたら、地球上の生命体は死滅していただろうと言われています。それどころか、そもそも生命体は誕生しなかっただろうとも言われています。

　しかし、生命体は誕生し、現在も82億人の人々が地球上に元気に暮らしています。なぜなのでしょう？

● 宇宙線の人体への影響

　人類が宇宙進出を目指すようになり、宇宙線の人体に与える影響が本格的に議論されるようになりました。アポロ計画で宇宙に行った飛行士の死因に循環器系疾患が多いのは、宇宙線のせいではないかという説もあるようです。

　火星への有人着陸計画など、宇宙滞在のさらなる長期化や、宇宙線のより多い環境下での活動が現実的になってきた現在、宇宙線防護研究への期待はますます高まっています。

放射線が人体に与える悪影響は、初期の研究から知られていました。**キュリー夫人**※や**エンリコ・フェルミ**※などの著名な研究者の多くが、研究中での放射線の過度の被曝が原因の病気で亡くなったとされています。

　陽子や炭素などの放射線は、現在ではがん細胞破壊の治療などにも使われていますが、量やエネルギーのコントロールされていない環境下での被曝は、容易に人体に悪影響を与えます。

※**マリ・キュリー**（1867〜1934）：ポーランド出身の物理・化学者。放射線の研究で、1903年のノーベル物理学賞、1911年のノーベル化学賞を受賞した。
1934年にフランスで亡くなったが、死因は長期間の放射線被曝による再生不良性貧血と考えられている。
※**エンリコ・フェルミ**（1901〜1954）：イタリア出身の物理学者。統計力学、量子力学、原子核物理学の分野で業績を残し、1938年にノーベル物理学賞を受賞。原爆開発のマンハッタン計画の中心的な役割を担い、世界初の原子炉の運転に成功、「核時代の建設者」とも呼ばれた。

● 宇宙線の社会生活への影響

　太陽フレアなどで生成されるX線と、地球大気中の酸素や窒素が相互作用すると、大量の電子が発生します。

　電子は電磁波の原因となるので、大強度の電磁波（電磁パルス）が発生し、帯電した大気とともに、地球と衛星の電波通信の妨げになります。

　特に強力な電磁パルスが発生した場合、地球上の電気・電子機器などの故障につながり、交通や電力などの制御機能が失われ、社会に大きな障害を与えます。

　また、宇宙船に搭載された電子機器が宇宙線により誤作動を起こすことも知られています。

　こうした影響に対して、電磁シールドやノイズフィルタによる防

護装置の開発・設置が重要な課題となります。

● オゾン層に孔があいた

生物が地球上に安全に暮らすことができるのは、地球に宇宙線を遮る天然のバリアが備わっているからです。

それは成層圏に存在する**オゾン層**で、ここには酸素分子O_2の同素体であるオゾン分子O_3が存在しています。

a オゾンの役割とオゾンホール

宇宙線がオゾン分子に衝突すると、<u>オゾンは宇宙線のエネルギーを吸収して酸素分子と酸素原子に分解</u>します。そのため宇宙線はエネルギーを失って無害化します。

一方、酸素分子と酸素原子は再結合してオゾン分子となり、次の宇宙線を迎え撃つというわけです。

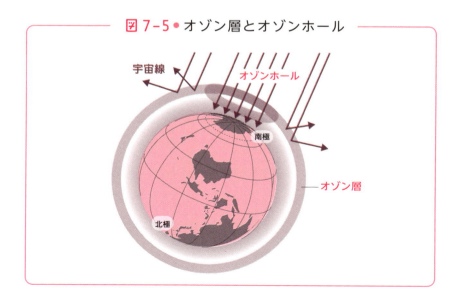

図7-5 ● オゾン層とオゾンホール

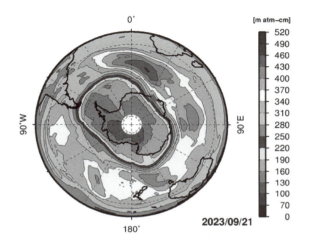

●**南極オゾンホール**：2023年9月21日に観測された、最近10年間で3番目の大きさのオゾンホール。
（出所：気象庁『米国航空宇宙局（NASA）の衛星データをもとに作成』より）

ところが1985年に、南極上空のオゾン層に孔があいていることが発見され、**オゾンホール**と名づけられました。この孔から宇宙線が侵入して生物に害を与えます。そのせいで白内障や皮膚がんが増えたと言います。

b オゾンホールの原因

オゾンホール発生の原因は、炭素C、塩素Cl、フッ素Fから成る人工の化合物フロンによるものであることが明らかになりました。

フロンが紫外線によって分解し、塩素原子Clを発生します。この塩素原子がオゾン分子を分解して、酸素分子と酸化塩素ClOを発生するのです。このClOはまたオゾンを攻撃し、2分子の酸素分子にすると同時に塩素原子Clを再生産するのです。

この繰り返しによって、1個の塩素原子が何千個ものオゾン分子を破壊してしまいます。

$$\text{フロン}(CFCl) \rightarrow \text{フロン残基}(CF) + \underline{Cl}$$

$$Cl + O_3 \rightarrow O_2 + ClO$$

$$ClO + O_3 \rightarrow 2O_2 + \underline{Cl}$$

この反応は、**極成層圏雲**と呼ばれる氷の雲の存在によって早められます。極成層圏雲は南極で生成されやすいので、オゾンホールは南極にできやすいのです。

北極でもオゾンホールの存在は確認されていますが、南極ほど大きくはありません。

c モントリオール議定書

モントリオール議定書とは、オゾン層を保護するための国際環境条約です。1987年に採択され、1989年に発効しました。

この議定書の締約国は、先進国・途上国を含め、現在198か国（2021年現在）であり、日本は1988年に加入しました。

モントリオール議定書の特徴は、先進国だけでなく、途上国も含めて規制を行なっている点です。そして途上国が対応できるように先進国による基金の設置など、途上国支援の制度もとり入れています。

こうした点が高く評価され、「世界でもっとも成功している環境条約」と言われています。

その甲斐あって、オゾン層は改善傾向にあると言います。

世界にはまだ改善していない環境問題が多くあります。モントリオール議定書は他の環境問題の取り組みの模範になるものと言ってよいでしょう。

第 **8** 章

量子論は現実世界でどう活用できるか

宇宙線の利用による非破壊検査と精密検査
── ミュー粒子透過法と散乱法

　宇宙線はエネルギーが非常に高いので、レントゲン写真のX線のように物体を透過します。この性質を利用すると、**物体を分解することなく、その内部を知ることができます**。このような手法を**非破壊検査**と言います。

　一次宇宙線が大気分子に衝突して生じる二次宇宙線は、その70％が**ミュー粒子（ミューオン）**であり、残りのほとんどは電子です。

　地上ではミュー粒子は $1\,\mathrm{cm}^2$ あたり、1分間に約1個降り注ぎます。ピラミッドの非破壊検査などに用いられるのは、このミュー粒子です。

　ミュー粒子はエネルギーが大きくて透過力が強く、また**散乱角**は衝突した原子核の原子番号に比例して大きくなります。

● ミュー粒子による非破壊検査
a ミュー粒子透過法
　ミュー粒子が物質を透過するときには、物質の密度や透過距離に応じてその一部が物質に吸収されるため、透過粒子を写真乾板（フィ

ルム、検出器)に感光させるとレントゲン写真のような写真が得られます。

これを解析して内部構造を知ることができます。

b ミュー粒子散乱法

観測対象の前後に検出器を置き、ミュー粒子の散乱角を観測して内部構造を推定します。透過法より高精度に測定することができます。

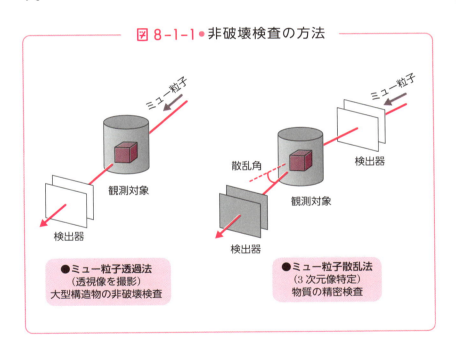

図 8-1-1 ● 非破壊検査の方法

● 原子炉の燃料デブリ探査

2011年に起こった福島県での原子炉事故では、核燃料の溶融が起きました。**溶融燃料(燃料デブリ)**の一部は原子炉の圧力容器を融解して地下に達している可能性もあると言います。

この燃料を取り出すには、燃料の存在する場所を知らなければなりません。高い放射線レベルの炉内に入ることができるのは、ロボットをおいて他にありませんが、ロボットも炉内の残骸に阻まれて進行するのが困難です。

　そこで登場するのが、ミュー粒子を利用した測定です。

　図8-1-2のような原理に従って原子炉に侵入したミュー粒子は、原子番号92という、自然界にある原子としては最大原子番号のウランに散乱して進行経路を変えます。

　その入射角度と散乱角度の差から、溶融燃料の位置を測定することができます。

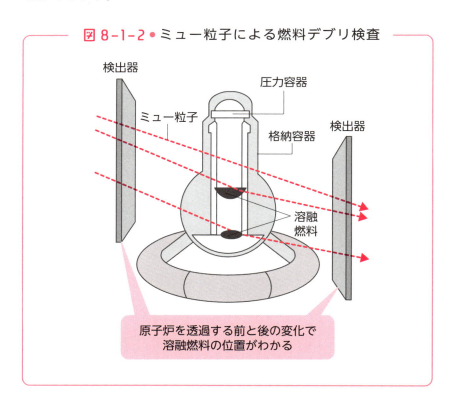

図8-1-2 ● ミュー粒子による燃料デブリ検査

8-2 ミュー粒子による相対性理論の証明

―― 極小は極大に通ず

　極小の粒子が極小の空間内を動く挙動を明らかにするのが<u>量子論</u>です。それに対して<u>宇宙という極大の世界を飛び回る物体の運動を明らかにするのが<u>相対性理論</u>です。

　しかし、「極小は極大に通ず」と言われるように、量子論と相対性理論は互いに助け合いながら進歩してきました。もしかしたら、私たちが極大と思っている宇宙にしても、神の目から見たら極小でしかないということなのかもしれません。

　その量子論に支配される極小粒子である宇宙線が、相対性理論の正しさを証明した例を見てみましょう。

● 光より速い物質は存在しない

　相対性理論は、<u>宇宙で一番速く動く粒子は光子であり、その速度を超える物質は存在しない</u>、という仮定の下で組み立てられています。この仮定は正しいのでしょうか？

　ということで、2011年に行なわれた実験で速度を測定されたのがミュー粒子と同じレプトン族のニュートリノでした（33ページ参照）。これはどのような物質とも相互作用することがないので、空

気中、水中、岩石中、どのようなところでも貫通して直進します。この性質を利用して、地球上の2点間の距離と、その間を移動するのに要する時間が精密に測定されました。

その結果、何とニュートリノの移動速度は光子より速いという測定結果が得られたのです。一時、世界中がこの話題で持ちきりになりました。しかし結局、測定の誤差範囲に収まることがわかり、話題も収まりました。ですがこのことは逆に、光速より速い速度は存在しないということを力強く訴えることになりました。

● 高速飛行中は時間がゆっくり進む

ミュー粒子は非常に短命の粒子で、その寿命は50万分の1秒です。これでは移動できる距離はたかが知れています。ミュー粒子の移動速度が光速に等しいとしても、この短時間で飛行できる距離は600mほどに過ぎません。

ところが観測によると、二次宇宙線であるミュー粒子は地上10kmほどの上空で誕生しているにもかかわらず、地上で観測されるのです。なぜ、そんな長距離を移動することができるのでしょう？

これこそが相対性理論でもっとも有名な原理「高速では時間がゆっくり進む」ということの現れなのです。

つまり、光速で進むミュー粒子にとって、時間はゆっくり進むので、寿命は50万分の1秒ではなく、その10倍ほどに伸びるのです。したがって飛行距離も600mではなく、その10倍の6kmほどになり、地上の観測に引っかかるというわけです。

「光速ロケットで宇宙探検をした兄が地球に戻ると、兄より歳をとった弟が出向えた」という話が現実味をもってきます。

8-3 現代化学を導いた量子化学の誕生

── 軌道対称性の理論

　量子論が目に見える形で成功し、科学の研究に貢献している典型的な例は**量子化学**であると言ってよいでしょう。

　それは量子論が、そもそも化学の研究に密接に関連した、<u>原子の電子構造を明らかにする過程で生み出された理論である</u>という背景にもよります。

● 静電引力では説明できない化学結合とは

　<u>量子論によって原子構造がその細部にわたるまで明確になり、原子の、特に光学的（スペクトル的）な測定結果が、量子化学によって細大漏らさず合理的に説明することができました。</u>

　その説明の根拠になる原子の電子構造、すなわち電子配置は第3章で見たとおりです。

　量子化学が特に化学に貢献したのは、**化学結合**の分野においてでしょう。化学結合というのは、2個の原子を結びつける力です。

　化学結合には**イオン結合**、**共有結合**など多くの種類がありますが、その多くは原子間に働く**静電引力**によって説明することができます。

　しかし、静電引力では説明できない結合もあります。それが**共有**

結合です。共有結合のもっとも単純なものは、2個の水素原子を結合して水素分子にする結合です。

　共有結合はこのような簡単な分子をつくるだけでなく、ほとんどすべての有機化合物(タンパク質やDNAというような複雑な分子も含みます)をつくる結合なのです。

　共有結合の最大の特徴は、水素原子のような、電気的に中性な原子をも結合してしまうということです。

● 結合性軌道と反結合性軌道とは

　結合の化学において量子論がもたらした最大の功績は、反結合性軌道というものを考え出したことでしょう（4-1節参照）。

　原子を構成する電子が原子軌道という軌道に入ったのと同じように、分子を構成する電子は分子軌道という軌道に入ります。

　分子軌道には結合性軌道と反結合性軌道という2種類があり、原子のあいだに共有結合ができるときに、結合する2個の原子の原子軌道からペアとして生成します。

　結合性軌道は原料である原子軌道より低エネルギーであり、反対に反結合性軌道は高エネルギーです。

　電子が結合性軌道に入ると分子は安定化し、結合を生成して分子になります。しかし反結合性軌道に入ると分子は不安定化し、結合は消滅して元の原子状態に戻ります。

　このように、反結合性軌道を考えることによって、結合や分子の安定性を推定することができ、分子の性質や反応性を正確に推定することができるようになったのです。

　また、水素分子は存在するが、ヘリウム分子は存在しないという

ことをもきわめて合理的に、簡単に説明することができるようになりました。

● 電子遷移による「励起状態」と「基底状態」

量子化学によれば、分子の電子は軌道の間を移動することができ、この現象を「**電子遷移**」と言います。

分子に光子のような高エネルギー粒子が衝突すると、分子の電子はそのエネルギー$\Delta E'$をもらって、より高エネルギーの軌道に移動します。この高エネルギー状態を「**励起状態**」、それに対して前の低エネルギー状態を「**基底状態**」と言います。

励起状態は不安定なので、余分なエネルギー$\Delta E'$を放出して基底状態に戻ります。このとき、$\Delta E'$を<u>熱エネルギーとして放出すれば発熱、光エネルギーして放出すれば発光</u>となります。

スマートフォンやテレビ、パソコンのディスプレイに使われている**有機EL**は、励起のためのエネルギーを電気エネルギーとして受

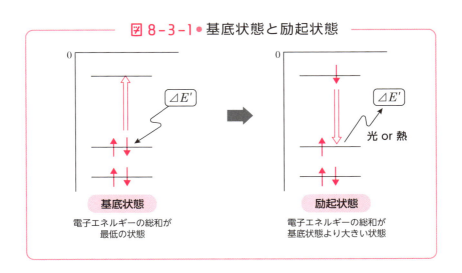

図 8-3-1 ● 基底状態と励起状態

け取り、それを光エネルギーとして放出することによって発光しているのです。

　分子は吸収した光エネルギーを用いて化学反応をすることもあります。このような、**光エネルギーによって起こる反応を特に「光化学反応」**と言います。

● 立体異性体を解明した理論

　熱エネルギーによって起こる普通の反応、すなわち**熱化学反応**と**光化学反応**ではそのようすがまったく異なります。

　図8-3-2はブタジエン誘導体（$H_2C=CH-CH=CH_2$）1の反応です。熱化学反応では2になるのに、光化学反応では3になります。その反対の反応は決して起こりません。

　2と3の違いは置換基XとYの向きの違いです。2と3のような分子を互いに**立体異性体**と言い、まったく異なる性質と反応性を持ちます。

　このような現象は多くの分子で発見されましたが、そのメカニズムは長いあいだ不明でした。この問題をアッサリと明瞭に解決した

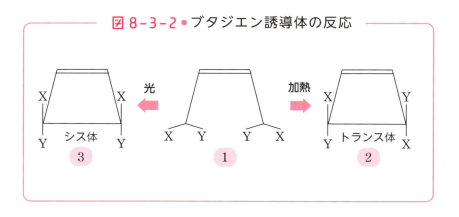

図 8-3-2 ● ブタジエン誘導体の反応

のが、**ウッドワード**※と**ホフマン**※という2人の化学者によって提出された「**軌道対称性の理論（ウッドワード・ホフマン則**）」でした。

　量子論に基づいてシュレーディンガーが導出したシュレーディンガー方程式の近似解を得る方法の1つに、「**分子軌道法**」というテクニックがあります。

　この方法の基本は、有機分子を炭素原子からできた鎖（炭素鎖）と見なし、その分子軌道を炭素原子のp原子軌道を使って近似するというものです。

　このようにしてみると、有機分子の分子軌道関数は炭素鎖の上に広がる波として表わされます。この波は、炭素鎖を構成する炭素の個数だけ存在し、それぞれエネルギーと形状（位相）が違います。

　このエネルギーの違いに着目すると、図8-3-1で見た励起状態、基底状態が現れ、エネルギー授受の問題が解決されて発光の問題がスムースに説明できることになります。

※**ロバート・バーンズ・ウッドワード**（1917～1979）：アメリカの有機化学者で「20世紀最大の化学者」と称され、1965年にノーベル化学賞を授与されている。
※**ロアルド・ホフマン**（1937～）：アメリカの化学者。「ウッドワード・ホフマン則」を明らかにしたことにより、1981年にノーベル化学賞を受賞。そのときウッドワードはすでに亡くなっていたのでノーベル賞の再受賞はできなかった。

● 軌道対称性の理論

　今回利用するのは、**波動関数**の対称性です。図8-3-3に示したのは炭素4個からなる有機分子、ブタジエン（$H_2C=CH-CH=CH_2$）の二重結合部分の波動関数です。

　炭素原子上の原子軌道につけられた「影」は軌道関数の正負を表わします。影のあるほうを正と見てください。炭素数が4個なので波動関数も4個あり、そのうち低エネルギーの2個は**結合性軌**

道で、高エネルギーの2個が**反結合性軌道**です。

電子はエネルギーの低い軌道から順に2個ずつ入ります。基底状態で電子が入っている軌道のうち、最高エネルギー軌道はψ_2（プサイ$_2$）です。この軌道を「**最高被占軌道（HOMO）**」と言います。

この分子に光が当たると、最高被占軌道の電子が1個上の軌道、ψ_3に遷移して励起状態になります。この軌道ψ_3を「**最低空軌道**

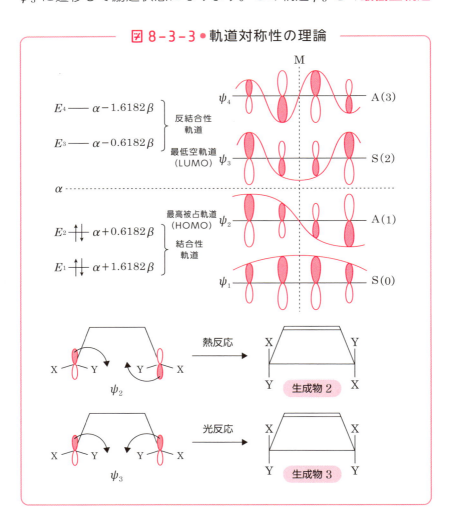

図8-3-3 ● 軌道対称性の理論

（LUMO）」と言います。

ここで大切なことは、化学反応はもっともエネルギーの高い軌道（フロンティア軌道）に入っている電子が支配するということです。これは、原子の化学的反応性を支配するのが、もっともエネルギーの高い電子殻（最外殻）に入っている電子、つまり「最外殻電子、価電子」であるということと同じ理由です。

つまり、基底状態の反応（熱反応）を支配するのは最高被占軌道（HOMO）ψ_2であり、励起状態の反応（光反応）を支配するのは最低空軌道（LUMO）ψ_3なのです。

波動関数の形を見ると、ψ_1とψ_3は左右対称です。それに対してψ_2、ψ_4は非対称です。それぞれを対称関数、反対称関数と呼びます。

● 量子論による現代科学の成果

量子化学によれば、原子軌道が結合するときには、結合する部分の位相（正負）が合うように重なります。

つまり、熱反応を支配するψ_2でプラスとプラスが重なるように軌道が回転すると、生成物は 2 になります（図 8−3−3 の下の図）。一方、光反応を支配するのはψ_3なので、ここでプラスとプラスが重なるように回転すると生成物は 3 になります。

つまり軌道の対称性に留意すると、反応がこんなにも簡単に説明できるのです。

このようなことの繰り返しで、いまや量子論的思考法、テクニックは化学に欠かせないものになっています。現代化学がここまで進歩したのは量子論のおかげと言ってよいでしょう。

8-4 量子力学を使った量子コンピュータとは?
── 量子コンピュータの得意分野

「量子」に関する話題でニュースによくとり上げられるものに「**量子コンピュータ**」があります。

量子コンピュータは、<u>量子力学の現象を情報処理技術に適用</u>することで、従来型のコンピュータ(古典コンピュータ)では容易に解くことのできない複雑な計算を解くことができるコンピュータです。

量子コンピュータは、「**量子重ね合わせ**」や「**量子もつれ**」といった量子論特有の現象を利用して、いくつもの計算を同時進行させる並列計算を行ないます。その結果、高速計算が可能になるので、さまざまな分野での活用が期待されています。

まだ研究段階であり、実用的なものは完成していませんが、試作段階のものは稼働しているようです。

では、量子コンピュータとはどのようなものなのでしょうか?

● 量子コンピュータの用いる「量子ビット」とは

私たちが現在使っているコンピュータは、0と1という2つの数字を使って計算します。つまり電気信号のない状態を0、電気信号のある状態を1とし、0と1の2進法で計算を行ないます。

この「0または1」という情報の基本単位を「ビット」と言います。

　それに対して量子コンピュータでは「**量子ビット**」を用います。これは0という状態と1という状態を「重ね合わせたビット」であり、0と1の両方を同時に表わすことができるとされます。

　コインを回転させて、倒れたときの裏表を当てるとしましょう。倒れた状態のビットが「従来型コンピュータのビット」であり、表と裏の2種類しかありません。それに対して、回っている状態のビットが「量子コンピュータのビット」であり、表も裏もすべての状態が重なっている、と思えばわかりやすいかもしれません。

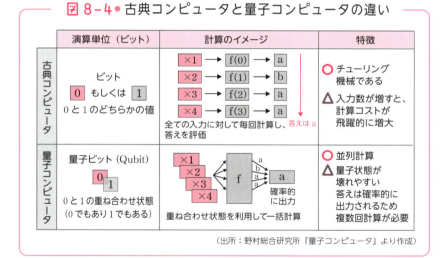

図 8-4 ● 古典コンピュータと量子コンピュータの違い

（出所：野村総合研究所『量子コンピュータ』より作成）

● 量子コンピュータの計算結果

　量子コンピュータの計算では、表と裏が重ね合わさったビットで計算するのですから、出てくる答えは1つではありません。いくつもの答えが出てきます。

もちろん、正解は1個です。それでは複数個の答えの中から1個の正解を見つけるにはどうすればよいのでしょうか？

それには同じ計算を何回も行ないます。その結果、すべての計算を合わせて出てきた答えがA～Zまで26個あったとしましょう。

しかし1回の計算で出てくる結果は26個ではありません。そのうちの5個くらいが顔を出します。

すると、計算を重ねるあいだに何回も顔を出す答えと、たまにしか顔を見せない答えが出てきます。これを**出現確率**と言います。つまり、<u>出現確率の高い答えが正解</u>なのです。

● 量子コンピュータでできること

たくさんのビットが組み合わさった計算を行なうとき、従来型コンピュータでは、一度にひととおりの組み合わせしか処理できません。これでは複雑な計算のときには膨大な処理を行なわなければならず、大変な時間がかかってしまいます。

しかし、量子ビットを用いた計算では、複数の組み合わせを同時進行で行なうことができるようになります。そのため、同時に処理できる計算の数は天文学的になり、計算速度は現在のスーパーコンピュータをはるかに超えることができると考えられます。

量子コンピュータの得意な問題は、多くの要素の組み合わせの中からもっともよいものを探し出す「**組み合わせ最適化問題**」と言われています。

特に暗号の設計、解読、人工知能の開発などに能力を発揮すると言います。ですから量子コンピュータが実用化されたら、人工知能の研究は大きく進歩するものと期待されています。

2019年に明かされたブラックホールの存在

―― ブラックホールの種類

　2019年、それまでSFの世界で語られるだけだった**ブラックホール**の写真が公開され、世界中に衝撃が走りました。

　ブラックホールは、<u>宇宙でもっとも速い光でさえも脱出できないほど重力が強い</u>とされる天体です。したがって光では観測することができず、宇宙にあいた黒い穴のように見えると考えられたことから、ブラックホールと呼ばれるようになりました。

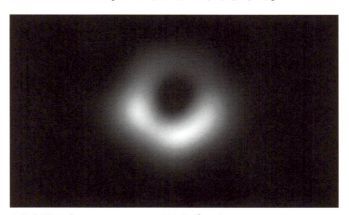

●**超大質量ブラックホール**：国際協力プロジェクト、イベント・ホライズン・テレスコープで撮影された、銀河M87中心の巨大ブラックホールシャドウ。2019年4月10日に「巨大ブラックホールとその影の存在を初めて画像で直接証明することに成功した」と発表された。
（出所：国立天文台・Credit：EHT Collaboration）

● ブラックホールからの脱出速度

ロケットが天体の表面から重力を振り切って飛び出していくためには、**脱出速度**と呼ばれる一定の速度が必要となります。

例えば、地球の重力から脱出するためには、少なくとも秒速約11.2kmの速度が必要です。この**脱出速度は天体の質量が大きく、直径が小さいほど大きくなります**。

巨大な質量がきわめて狭い領域に押し込められ、**周囲の時空間が大きく歪んでいるブラックホールの場合、脱出速度は光速を上回る**ことになります。

ブラックホールの外からやってきた光も、強い重力のために進む向きが曲げられてしまい、ある距離まで近づくとブラックホールから脱出することができなくなるとされています。**光がブラックホールの重力から脱出できる限界の距離は、「シュバルツシルト半径」**と呼ばれます。

ブラックホールそのものを直接見ることは原理的に不可能ですが、間接的に観測することは可能です。

ブラックホールの強い重力に引き寄せられたガスなどの物質は、吸い込まれかけつつも、ブラックホールの周囲を高速で周回する**「降着円盤」**を形成します。

円盤とは言いますが、その中心にはブラックホールが存在するはずなので、実際には幅の広い輪のような構造をしていると考えられています。

この降着円盤は光（電磁波）を放つので、そのようすをくわしく観測することで、ブラックホールの性質を間接的に調べることができるのです。

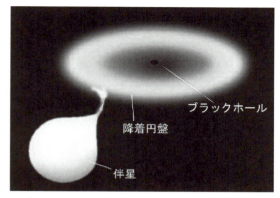

●**ブラックホールと降着円盤の想像図**：ブラックホールの周囲を周回しているガスの円盤。

(出所：宇宙科学研究所)

● ブラックホールの種類

ブラックホールは、いくつかの種類に分けられています。その中でも太陽の数倍～数十倍の質量がある「**恒星質量ブラックホール**」と、太陽の10万倍～10億倍以上の質量がある「**超大質量ブラックホール**」の2つは特に研究が進んでいます。

恒星質量ブラックホールは、超新星爆発を起こした恒星に由来するとされています。質量が太陽の8倍よりも重い恒星は、最終的に超新星爆発を起こして、外層が吹き飛ばされると考えられています。

このとき、<u>残された中心部分の質量が太陽の約3倍以上だった場合、自身の重力で収縮する**重力崩壊**が止まらなくなった結果、ブラックホールが誕生する</u>と見られています。

超新星爆発後にブラックホールを形成するのは、おおむね質量が太陽の20倍以上の恒星とされています。

爆発後に残った中心部分の質量が太陽の約3倍以下だった場合は、ブラックホールではなく、中性子星が誕生すると見られています。

　また、質量が太陽の150倍から300倍という大質量星が超新星爆発を起こした場合、爆発が激しすぎるためにブラックホールが残らない可能性を示した研究成果が発表されています。

　もう1つの**超大質量ブラックホール**は、大半の銀河の中心部分に存在すると見られています。

　天の川銀河の中心に存在することが確実視されている超大質量ブラックホールは、太陽のおよそ400万倍、これまでに唯一シャドウが撮影されたM87の超大質量ブラックホール（前掲写真）は、太陽の65億倍もの質量があるとされています。

　このような超大質量ブラックホールは、銀河全体よりも明るく輝く**クエーサー**のような**活動銀河核**（強い電磁波を放つ銀河の中心部）の原動力ではないかと考えられています。

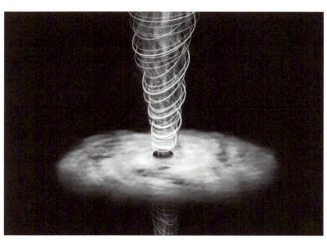

●クエーサーのイメージ

● ブラックホールのホーキング放射

ブラックホールの質量は、周囲からガスなどの物質を吸い込むことで増えていきます。

シュバルツシルト半径の内側に入ってしまうと光速でも脱出できないブラックホールは、周囲の天体を吸い込み続けて永遠に成長し続ける天体のように思えます。

しかし実際には、量子力学的な効果によってエネルギーを放射することで、長い時間をかけて蒸発してなくなるとも考えられています。この現象は提唱者のスティーブン・ホーキング氏にちなんで「**ホーキング放射（ホーキング輻射）**」と呼ばれています。

ブラックホールが成長する速度には限界があると考えられてきましたが、初期の宇宙では、ビッグバンから10億年と経たない時点ですでに超大質量ブラックホールが存在していたことが観測の結果から示されています。

このことから、初期の宇宙では恒星質量ブラックホールや中性子星が銀河の中心で合体を繰り返していた可能性や、恒星の形成と超新星爆発を経ずに、ガスの塊が直接崩壊してブラックホールが誕生した可能性が指摘されています。

8-6 超伝導の発生機構の解明と新たな超伝導体の発見へ

—— 臨界温度の向上

金属は温度が下がると**電気伝導度**が上がりますが、ある種の金属は極低温の**臨界温度**以下になると電気伝導度が無限大、つまり電気抵抗ゼロの状態になります。

この状態を**超伝導状態**と言います。

● 超伝導はどのように利用できるか

超伝導状態ではコイルに発熱なしに大電流を流すことができるので、強力な電磁石（**超伝導磁石**）をつくることができます。

これを用いて脳の断層写真を撮るMRIや、超伝導リニア新幹線で磁石の反発力によって機体を浮かせるなどの用途に使われます。

また、大電流の無損失送電などでの使用も期待されています。

問題は、臨界温度 Tc が絶対温度で数度（ケルビンK）と非常に低いことで、液体ヘリウム（沸点4.2K、-269 ℃）がないと超伝導は利用できません。

しかし、液体ヘリウムは貴重な資源であり、日本はもっぱらアメリカからの輸入に頼っています。そこで、臨界温度を上げて、**液体窒素（沸点 -196 ℃）温度で超伝導になる高温超伝導体**の開発が待た

れています。

● 電気抵抗がゼロになるわけ

では、なぜ超伝導状態では電気抵抗がゼロになるのでしょうか？

電気抵抗が発生する原因は、物質の中を進む素粒子である電子がさまざまな要因でその運動を邪魔されていることにあります。邪魔をする要因は、**散乱要因**と呼ばれており、物質中の不純物や結晶欠陥、あるいは金属原子の熱振動などが挙げられます。

金属が低温になると伝導度が上がるのは、金属原子の熱振動が抑えられることによるものです。

超伝導状態にある物質中では、電子が2つひと組になって運動しています（**クーパーペア**）。このクーパーペアになることで、超

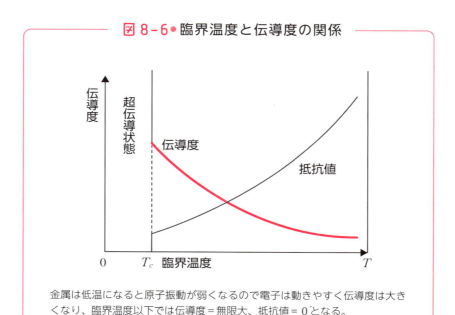

図 8-6 ● 臨界温度と伝導度の関係

金属は低温になると原子振動が弱くなるので電子は動きやすく伝導度は大きくなり、臨界温度以下では伝導度＝無限大、抵抗値＝0となる。

伝導体中の電子が、1つの大きな波のように運動できるようになります。

　この波は簡単に散乱要因を乗り越えることができるため、何ものにも邪魔されずに運動することが可能となり、超伝導状態になるのです。

　現在、大気圧中で観測されているもっとも高いTc（**臨界温度**）は、$Hg-Ba-Ca-Cu-O$系超伝導体の$133K$（$-140℃$)です。

　超伝導に関する研究分野では、Tcの向上だけでなく、その発生機構の解明や新たな超伝導体の発見など、日進月歩の研究が行なわれています。

●参考図書●

『ビックリするほど素粒子がわかる本』江尻宏泰（SB クリエイティブ /2009）

『トコトンやさしい宇宙線と素粒子の本』山﨑耕造（日刊工業新聞社 /2018）

『Newton 別冊　量子論のすべて　改訂第 2 版』（ニュートン・プレス /2021）

『絶対わかる量子化学』齋藤勝裕（講談社 /2004）

『数学いらずの分子軌道論』齋藤勝裕（化学同人 /2007）

『数学いらずの化学結合論』齋藤勝裕（化学同人 /2009）

『知っておきたいエネルギーの基礎知識』齋藤勝裕（SB クリエイティブ /2010）

『知っておきたい放射能の基礎知識』齋藤勝裕（SB クリエイティブ /2011）

『人類が手に入れた地球のエネルギー』齋藤勝裕（シーアンドアール研究所 /2018）

『「量子化学」のことが一冊でまるごとわかる』齋藤勝裕（ベレ出版 /2020）

『脱炭素時代を生き抜くための「エネルギー」入門』齋藤勝裕（実務教育出版 /2021）

『身近にあふれる「相対性理論」が 3 時間でわかる本』齋藤勝裕（明日香出版社 /2021）

『「原子力」のことが一冊でまるごとわかる』齋藤勝裕（ベレ出版 /2023）

索 引

ABC順

D-D反応	162
D-^{3}He反応	155
D-T反応	155, 162
d軌道	77
GUT	39
HOMO	198
LUMO	199
p軌道	77
s軌道	77
sp^{3}混成軌道	108
sp^{2}混成軌道	110
Tc（臨界温度）	210
Wボソン	22
Zボソン	22

あ

アインシュタイン, アルベルト	43
圧力容器	160
αクラスター	126
α線	134
α崩壊	139
安定同位体	130
イオン結合	94, 193
一次宇宙線	172
一重結合	110
一般相対性理論	43
ウィークボソン	23
宇宙線	168
ウッドワード・ホフマン則	197
ウッドワード, ロバート・バーンズ	197
ウランの濃縮	158
液滴モデル	126
枝分かれ連鎖反応	148, 158
オービタル	76
オーロラ	176, 179
オーロラベルト	176
オゾン層	184
オゾンホール	185

か

開殻構造	89
壊変系列	142
化学結合	193
殻構造	127
核子	120, 124

核種	142
格納容器	160
核分裂	129
核分裂エネルギー	146
核分裂反応	146
核分裂連鎖反応	147
核分裂炉	156
核融合	129, 161
核融合発電	149
核融合反応	148
核融合炉	156, 162
核力	125
梶田隆章	30, 34
活動銀河核	206
価電子	90, 92, 199
カミオカンデ	30
環状化合物	115
環状共役化合物	115
γ（ガンマ）線	130, 135
γ崩壊	140
基底状態	195
軌道	76
軌道エネルギー	100
軌道相関図	101
軌道対称性の理論	197
軌道電子捕獲	144
軌道の形	80, 84, 85
キュリー, マリ	183
共役二重結合	114
共有結合	94, 110, 193
極成層圏雲	186
霧箱の実験	53
銀河宇宙線	169
金属結合	94
空軌道	95
クーパーペア	209
クーロン反発力	126
クエーサー	206
クォーク	19, 27
組み合わせ最適化問題	202
グラビトン	23
グルーオン	22, 120
ゲージ粒子	22, 29, 120
結合エネルギー	99, 128
結合性軌道	95, 98, 99, 194, 197
結合電子（雲）	95
結合電子雲	97

原子核	73, 118	シュレーディンガー方程式	68, 71
原子核反応	118, 133, 138, 146	準安定核	141
原子核分裂	146	人工核融合	161
原子核崩壊（反応）	139	水素結合	94
原子核融合	146, 152	水素爆弾	161
原子軌道	95, 97	水素分子陽イオン	103, 106
原子番号	121	スーパーカミオカンデ	31
検出確率	72	スピン	87
原子力発電	156	スピン量子数	87
減速材	158	制御棒	158
高温超伝導体	208	生成原子核	139
光化学反応	196	静電引力	124, 193
光子	22	静電斥力	125
恒星	153	相対性理論	43, 191
恒星質量ブラックホール	205	素粒子	15, 17, 18
高速増殖炉	164		

た

光電管の実験	54	大気ニュートリノ	173
国際熱核融合実験炉（ITER）	162	対称関数	199
小柴昌俊	30, 34	大統一理論（GUT）	39
混成軌道	107	太陽宇宙線	169, 170
		太陽中性子	175

さ

		太陽ニュートリノ	173
最外殻	90	太陽風	177
最外殻電子	90, 92, 199	太陽フレア	170, 175
最高被占軌道（HOMO）	198	脱出速度	204
歳差運動	51	チェレンコフ光	32
最低空軌道（LUMO）	198	中間子	33
三重結合	110	中性子	119
三体問題	69	中性子星	154
散乱角	188	中性子制御材	158
散乱要因	209	中性子線	135
シェルモデル（殻構造）	127	超ウラン元素	131
磁気圏	177	超弦理論	40
σ（シグマ）結合	110, 112	超新星爆発	154
σ骨格	112	超大質量ブラックホール	205, 206
シス体	114	超対称性理論	40
シス−トランス異性体	114	超大統一理論	39
質量数	121	超伝導磁石	208
重粒子線	132, 136	超伝導状態	208
重力崩壊	205	超ひも理論	40
縮重（縮退）	79	対消滅	37
縮重軌道	79	対生成	37, 38
出現確率	202	定常連鎖反応	147, 158
シュバルツシルト半径	204	ディラック，ポール	35, 45
シュレーディンガー，エルヴィン	45, 68	デモクリトス	62
シュレーディンガーの猫	71	電気伝導度	208

213

電子雲	73, 82, 118
電子殻	73
電磁気力	124
電子遷移	195
電子対	89
電子ニュートリノ	173
電子配置	86
電子密度	97
電弱統一理論	40
同位体	122, 129
等核二原子分子	103
同中性子体	125
トカマク型	163
特殊相対性理論	43
ド・ブロイの式	58
ド・ブロイ, ルイ	45, 58, 60
トムソン, ジョセフ・ジョン	65
トランス体	114
トリウム原子炉	164

な

長岡半太郎	65, 66
南部陽一郎	152
二次宇宙線	174
二重結合	110
ニュートリノ	27, 30
ニュートリノ振動	27
ニュートン, アイザック	42
ニュートン力学	42
熱化学反応	196
熱化学方程式	138
熱核融合炉	163
燃料体	157

は

π（パイ）結合	110, 113
ハイゼンベルク, ヴェルナー	81
ハイゼンベルクの不確定性原理	81
パイ中間子	173, 175
ハイパーカミオカンデ	31
パウリ, ヴォルフガング	88
パウリとフントの原理	86
波動関数 ψ	68, 70, 197
ハミルトン演算子	68
反結合性軌道	98, 100, 194, 198
半減期	131, 141, 142
反対称関数	199

反電子	35
反物質	36
万物の理論	39
反粒子	35
非局在 π 結合	115
非共有電子対	90
ヒッグス, ピーター	24
ヒッグス粒子	24
ビッグバン（大爆発）	150
非破壊検査	188
標準理論	27
フェルミ, エンリコ	183
フェルミ粒子	19, 24, 27, 120
フォトン	22
不対電子	89
物質波	58
物質不滅の法則	138
ブドウパンモデル	65
プラズマ	163, 177, 178
ブラックホール	203
プラム・プディングモデル	65
プランク定数	56, 58
フロン	185
フロンティア軌道	199
分子軌道	97
分子軌道法	102, 197
フント, フリードリッヒ	88
閉殻構造	89
β 線	135
β 崩壊	139
ボーアモデル	67
ホーキング, スティーブン・ウィリアム	152
ホーキング放射（ホーキング輻射）	207
ボース粒子（ボソン）	29
放射性同位体	130
放射性物質	134
放射線	129, 133
放射能	133
膨張宇宙	151
ボーア, ニールス	44
ボーアモデル	67
ホフマン, ロアルド	197

ま

魔法数（magic number）	125
ミュー粒子（ミューオン）	173, 175, 188

ミュー粒子散乱法 …………………… 189
ミュー粒子透過法 …………………… 188
モントリオール議定書 ………………… 186

や

有機EL …………………………………… 195
有機分子（有機化合物） ……………… 107
湯川秀樹 ………………………………… 33
陽子 ……………………………………… 119
陽子線 …………………………………… 136
陽電子 …………………………………… 35
溶融燃料（燃料デブリ） ……………… 189

ら

ラザフォード，アーネスト …………… 66
ラザフォードモデル …………………… 66
離散量 …………………………………… 49
立体異性体 ……………………………… 196
量子 ……………………………………… 48
量子化 …………………………………… 49
量子化学 ………………………………… 193
量子重ね合わせ ………………………… 200
量子コンピュータ ……………………… 200
量子数 ……………………………… 50, 70, 74
量子ビット ……………………………… 201
量子もつれ ……………………………… 200
量子論 ……………………………… 43, 44, 191
臨界温度 …………………………… 208, 210
臨界プラズマ条件 ……………………… 164
励起状態 …………………………… 126, 195
冷却材 …………………………………… 159
レプトン …………………………… 19, 27

215

著者紹介

齋藤 勝裕（さいとう・かつひろ）

1945年5月3日生まれ。1974年、東北大学大学院理学研究科博士課程修了。現在は名古屋工業大学名誉教授。理学博士。専門分野は有機化学、物理化学、光化学、超分子化学。主な著書として、「絶対わかる化学シリーズ」全18冊（講談社）、「わかる化学シリーズ」全16冊（東京化学同人）、「わかる×わかった！化学シリーズ」全14冊（オーム社）、『マンガでわかる有機化学』『料理の科学』（以上、SBクリエイティブ）、『「量子化学」のことが一冊でまるごとわかる』『「発酵」のことが一冊でまるごとわかる』『「食品の科学」が一冊でまるごとわかる』『「毒と薬」のことが一冊でまるごとわかる』『「原子力」のことが一冊でまるごとわかる』（以上、ベレ出版）など多数。

◉──ブックデザイン　　三枝 未央
◉──編集協力　　　　　入倉 敏夫

**「原子・素粒子・量子の世界」のことが
一冊でまるごとわかる**

2025年1月25日	初版発行
2025年4月12日	第2刷発行

著者	**齋藤 勝裕**
発行者	内田 真介
発行・発売	ベレ出版 〒162-0832　東京都新宿区岩戸町12レベッカビル TEL.03-5225-4790 FAX.03-5225-4795 ホームページ　https://www.beret.co.jp/
印刷	モリモト印刷株式会社
製本	根本製本株式会社

落丁本・乱丁本は小社編集部あてにお送りください。送料小社負担にてお取り替えします。
本書の無断複写は著作権法上での例外を除き禁じられています。購入者以外の第三者による本書のいかなる電子複製も一切認められておりません。

©Katsuhiro Saito 2025. Printed in Japan

ISBN 978-4-86064-784-1 C0042　　　　　　　　　　　編集担当　坂東 一郎